Leben.Lieben.Arbeiten SYSTEMISCH BERATEN

Herausgegeben von
Jochen Schweitzer und
Arist von Schlippe

Antoinette Beckert

Der Balanceakt zwischen Führung und Selbstorganisation

Wege der Transformation

Mit 3 Abbildungen und einer Tabelle

Vandenhoeck & Ruprecht

Bibliografische Information der Deutschen Nationalbibliothek:
Die Deutsche Nationalbibliothek verzeichnet diese Publikation in der Deutschen Nationalbibliografie; detaillierte bibliografische Daten sind im Internet über http://dnb.de abrufbar.

Umschlagabbildung: Grand Warszawski/shutterstock.com

Satz: SchwabScantechnik, Göttingen
Druck und Bindung: ⊕ Hubert & Co. BuchPartner, Göttingen
Printed in the EU

Vandenhoeck & Ruprecht Verlage | www.vandenhoeck-ruprecht-verlage.com

ISSN 2625-6088
ISBN 978-3-525-40673-1

Inhalt

III Am Ende

Zu dieser Buchreihe

Die Reihe »Leben. Lieben. Arbeiten: systemisch beraten« befasst sich mit Herausforderungen menschlicher Existenz und deren Bewältigung. In ihr geht es um Themen, an denen Menschen wachsen oder zerbrechen, zueinanderfinden oder sich entzweien und bei denen Menschen sich gegenseitig unterstützen oder einander das Leben schwermachen können. Manche dieser Herausforderungen (Leben.) haben mit unserer biologischen Existenz, unserem gelebten Leben zu tun, mit Geburt und Tod, Krankheit und Gesundheit, Schicksal und Lebensführung. Andere (Lieben.) betreffen unsere intimen Beziehungen, deren Anfang und deren Ende, Liebe und Hass, Fürsorge und Vernachlässigung, Bindung und Freiheit. Wiederum andere Herausforderungen (Arbeiten.) behandeln planvolle Tätigkeiten, zumeist in Organisationen, wo es um Erwerbsarbeit und ehrenamtliche Arbeit geht, um Struktur und Chaos, um Aufstieg und Abstieg, um Freud und Leid menschlicher Zusammenarbeit in ihren vielen Facetten.

Die Bände dieser Reihe beleuchten anschaulich und kompakt derartige ausgewählte Kontexte, in denen systemische Praxis hilfreich ist. Sie richten sich an Personen, die in ihrer Beratungstätigkeit mit jeweils spezifischen Herausforderungen konfrontiert sind, können aber auch für Betroffene hilfreich sein. Sie bieten Mittel zum Verständnis von Kontexten und geben Werkzeuge zu deren Bearbeitung an die Hand. Sie sind knapp, klar und gut verständlich geschrieben, allgemeine Überlegungen werden mit konkreten Fallbeispielen veranschaulicht und mögliche Wege »vom Problem zu Lösungen« werden skizziert. Auf unter 100 Buchseiten, mit etwas Glück an einem langen Abend oder einem kurzen Wochenende zu lesen, bieten sie zu dem jeweiligen lebensweltlichen Thema einen schnellen Überblick.

Die Buchreihe schließt an unsere Lehrbücher der systemischen Therapie und Beratung an. Unsere Bücher zum systemischen Grundlagenwissen (1996/2012) und zum störungsspezifischen Wissen (2006) fanden und finden weiterhin einen großen Leserkreis. Die aktuelle Reihe erkundet nun das kontextspezifische Wissen der systemischen Beratung. Es passt zu der unendlichen Vielfalt möglicher Kontexte, in denen sich »Leben. Lieben. Arbeiten« vollzieht, dass hier praxisbezogene kritische Analysen gesellschaftlicher Rahmenbedingungen ebenso willkommen sind wie Anregungen für individuelle und für kollektive Lösungswege. Um klinisch relevante Störungen, um systemische Theoriekonzepte und um spezifische beraterische Techniken geht es in diesen Bänden (nur) insoweit, als sie zum Verständnis und zur Bearbeitung der jeweiligen Herausforderungen bedeutsam sind.

Wir laden Sie als Leserin und Leser ein, uns bei diesen Exkursionen zu begleiten.

Jochen Schweitzer und Arist von Schlippe

Vorwort

Führung und Selbstorganisation schließen einander aus. Zumindest sagt dies der gesunde Menschenverstand: Entweder man wird geführt, dann ist man nicht selbstorganisiert unterwegs, oder eben nicht. Dieses Buch zeigt, dass es auch anders geht. Allerdings bleibt es ein Balanceakt. Denn als Führungskraft agiert man immer am Rande einer Paradoxie, die man vielleicht so auf den Punkt bringen könnte: »Ich befehle euch, euch selbst zu organisieren!« Die Paradoxie hat auch noch eine andere Seite – nämlich, dass zumindest in unserer Kultur Organisationen so gebaut sind, dass man als Führungskraft in der Regel einer übergeordneten Stelle berichtspflichtig ist, dort also für das Ergebnis der selbstorganisierten Tätigkeit der eigenen Abteilung bzw. des eigenen Teams verantwortlich gemacht wird.

Um die Türen für Selbstorganisation zu öffnen, muss man sich der Paradoxien bewusst sein, mit denen man hier umgeht. Denn es geht hier keinesfalls um ein Laisser faire, um ein schlichtes Loslassen aller Verantwortung. Das wäre ein völlig falsches Verständnis von Selbstorganisation. Vielmehr verändert sich Führung. Es geht nicht mehr darum, Personen anzuleiten und zu dirigieren, sondern darum, an der Bewusstheit des Teams als Team zu arbeiten. Dazu müssen in den Alltag immer wieder strukturierte Reflexionsschleifen eingebaut werden, die den Teammitgliedern bewusst werden lassen, wie sie ihre eigene Arbeit optimal mit den Anforderungen des Gesamtteams in Einklang bringen können. In ihrem eigenen Mikrobereich wissen sie ohnehin am besten, was jeweils wie zu tun ist.

Eine solche neue Art der Führung erfordert eine ganz andere Art des Lernens, als wir es normalerweise mit dem Begriff Führung in Verbindung bringen. Wenn Entscheiden, das Kerngeschäft von Führung, vermehrt in die Hand der Personen gelegt wird, die die konkrete Arbeit vor Ort tun, ist es erforderlich, dass die Akteure sich sehr genau miteinander abstimmen. Und mehr noch: Sie müssen sich dann aufeinander einstimmen. Ein gutes Beispiel für die Achtsamkeit, die hierfür eine Grundlage bildet, ist etwa die später in diesem Buch vorgestellte Idee, ein Meeting mit sieben gemeinsamen schweigenden Atemzügen zu beginnen. Denn um auf der Ebene von Details passende Antworten auf Entscheidungsbedarfe geben zu können, muss jeder Einzelne in die Lage versetzt werden, den Blick auf das große Ganze zu richten.

Schon lange passé sind Vorstellungen eines »heroischen Managements« bzw. dass Führen vor allem aus einer Dynamik von Befehl, Anordnung und Gehorsam bestehe. Auch dieses Buch ordnet sich in einen Strom von Literatur ein, die danach sucht, wie Führung »sanfter«, achtsamer werden und sich im Kontext eines kooperativen Mindset einbringen kann. Dass ein solcher Mindset gerade in Zeiten, in denen sich die Bedingungen für wirtschaftliches Handeln dramatisch verändert und beschleunigt haben, sinnvoll und hilfreich ist, stößt auf einen breiten Konsens.

Schwieriger ist da schon die Frage, wie genau das denn gehen kann. Und hier wird in diesem Text ein Mikroskop angeboten: Anhand eines sehr ausführlichen, mehrstufigen Fallbeispiels werden die Schritte und die Klippen verdeutlicht, wie ein Team an eine Kultur der Selbstauseinandersetzung und Bewusstheit herangeführt wird. Mit vielen kleinen Übungen und eingestreuten Tipps wird sehr plastisch, dass Selbstorganisation nicht vom Himmel fällt, sondern das Ergebnis eines sorgfältig strukturierten Handelns ist. Am Ende dieses Veränderungsprozesses hat die Führungskraft nicht weniger zu tun als vorher, arbeitet aber völlig anders.

An vielen Stellen, so vermute ich, wird es Ihnen, liebe Leserin, lieber Leser, ähnlich gehen wie mir: Immer wieder sah ich beim Lesen vor meinem inneren Auge eigene Besprechungen, Sitzungen, Szenen – sei es als Führender oder Geführter – vor mir. Immer wieder fragte ich mich, wo die hier vorgestellten Methoden einen Unterschied in meinem Handeln oder dem der Gesprächspartner gemacht hätten. Und bei vielen dieser Szenen war die Antwort für mich: Der Unterschied wäre durchaus groß gewesen. In diesem Sinn möchte ich das Vorwort mit einer freundlich gemeinten »Warnung« abschließen: Vorsicht! Falls dieses Buch von einer Person gelesen wird, die an welcher Stelle einer Organisation auch immer mit Führungsverantwortung zu tun hat, könnte die Lektüre tatsächlich zu erkennbaren Änderungen führen. Seien Sie darauf vorbereitet!

Arist von Schlippe

I

Der Kontext

1 Wirtschaft im Aufbruch

Befeuert durch die zunehmende Digitalisierung befindet sich die Arbeitswelt im Wandel: Die technologischen Entwicklungen führen dazu, dass in einer bisher nicht gekannten Geschwindigkeit völlig neue Produkte und Geschäftsmodelle entstehen. Zudem werden erfolgreiche und innovative Produkte von Kunden[1] schneller akzeptiert und nachgefragt, und das motiviert andere Unternehmen zum Nachahmen – der Konkurrenzdruck nimmt zu. Insgesamt bewirkt dies, dass Unternehmen deutlich schneller als bisher auf sich verändernde Bedingungen reagieren müssen (Baltes u. Freyth, 2017).

Ich erlebe in meiner Beratungspraxis, dass traditionelle Unternehmen vor dem Hintergrund dieser Dynamik zunehmend ihre bisherigen, auf Stabilität und langfristige Planbarkeit ausgerichteten Routinen hinterfragen, insbesondere in den Funktionsbereichen mit Projekt- und Innovationsaufgaben. Diese Beobachtung teilen Schumacher und Wimmer (2019): Sie stellen heraus, dass Organisationen gezwungen sind, ihre Strukturen und Prozesse so am Kunden auszurichten, dass sie durch ihre Kooperationsformen die erforderliche Geschwindigkeit und Innovationskraft erreichen. Zusätzlich müssen sie ihre existenzsichernde Fähigkeit ausbauen, kreativ mit Unerwartetem umzugehen. Viele Unternehmensleitungen und Führungskräfte fordern mit der Botschaft »Wir müssen agiler werden« die Akteurinnen in der Organisation dazu heraus, diese Herausforderungen zu bewältigen.

Doch welche Auswirkungen haben diese neuen Bedingungen auf Führung und Zusammenarbeit? Übliche hierarchische Führungspraktiken scheinen im Zusammenhang mit den genannten Anfor-

---

1 Die Formulierungen dieses Buches wechseln willkürlich zwischen weiblicher und männlicher Form. Gemeint sind immer beide Geschlechter.

derungen nicht mehr ausreichend wirkungsvoll zu sein. Und so besinnen sich viele Organisationen stärker als bislang darauf, Selbstorganisation zu initiieren und »wesentliche Führungsaufgaben in die Selbststeuerung von Teams zu integrieren« (Schumacher u. Wimmer, 2019, S. 14). Führungskräfte und Mitarbeiterinnen sind gefordert, ihr Zusammenspiel neu auszubalancieren: Denn wo Führungskräfte heute im mittleren Management auch operative Aufgaben übernehmen und in Innovationsvorhaben involviert sind, wird die Führungsfunktion zu einem Nadelöhr. Langsame Entscheidungsprozesse oder auch Produkte, bei denen mehr die Expertise einer einzelnen Führungskraft als die eines ganzen Teams zum Tragen kommt, sind die Folge. Die Gefahr, so »am Kunden vorbei« zu arbeiten und wertvolle potenzielle Ressourcen an Wissen und Kompetenz zu übersehen, ist groß. Um flexibler zu werden und die vorhandene Expertise besser nutzen zu können, ist es daher notwendig, dass Führungskräfte die Verantwortung inklusive der damit verbundenen Entscheidungen zunehmend in die Hände der Teammitglieder legen. Diese neue Verantwortungsteilung erfordert einerseits von einem Team die Fähigkeit, sich stärker als bisher selbst zu organisieren – und andererseits von der Führungskraft ein Verhalten, das ihr Team dabei unterstützt, selbstorganisiert zusammenzuarbeiten. Bisherige Führungsaufgaben werden damit nicht komplett abgeschafft, sondern auf mehrere Schultern verteilt.

Führungskräfte haben bei diesem Wandel eine paradoxe Aufgabe zu meistern: Sie müssen ihn einerseits bewusst in der Organisation anstoßen und Orientierung in Richtung einer neuen Zielsetzung geben. Andererseits müssen sie sich in ihrer veränderten Rolle bewusst neu ausrichten und sich mit einer neuen Form von ungewohnter Verantwortungsteilung und Vertrauen auseinandersetzen. Das bedeutet auch, Aufgaben und Denkweisen loszulassen, die sie bislang ihrer Rolle zugeschrieben haben.

Ich beobachte vielfach, dass die Führungskraft und ihr Team bei dieser Transformation auf sich allein gestellt sind: Es fehlen Modelle und Werkzeuge, mit denen sie den Lern- und Entwicklungsprozess bewusst gemeinsam gestalten können. In diesem Buch stelle ich daher auf der Basis einer systemisch orientierten Sichtweise ein Modell vor, das hier Abhilfe schafft und Orientierung gibt.

2 Marcs Führungsimpuls für mehr Selbstorganisation – eine Fallgeschichte

Ein mittelständisches, hierarchisch geführtes Unternehmen, das Ingenieur-Dienstleistungen für die Automobilindustrie[2] erbringt, bildet die Kulisse, vor der ich den Balanceakt zwischen Führung und Selbstorganisation beleuchte. Ein Balanceakt deshalb, weil zunächst ein erster Anstoß zu mehr Selbstorganisation von der Führungskraft ausging, während im weiteren Verlauf das Team immer mehr Verantwortungsbereiche selbst übernahm. In den Fallbeispielen in diesem Buch sind einige Phänomene, die bei der Transformation hin zu mehr Selbstorganisation in Unternehmen auftauchen, auf die Situation einer Führungskraft mit ihrem Team zugespitzt dargestellt. Die beiden Fallbeschreibungen bauen aufeinander auf.

Marc verantwortet seit einigen Jahren als Teamleiter die Arbeit einer Gruppe von Fahrzeugtechnik-Expertinnen. Davor hat er selbst als Ingenieur im Bereich Konstruktion gearbeitet. Seine Teammitglieder – größtenteils Ingenieure – konzentrieren sich im Wesentlichen auf ihre fachlichen Aufgaben. Marc hat in den vergangenen Monaten den Eindruck gewonnen, dass das Team immer häufiger

2 Namen und der Unternehmenskontext sind geändert.

vom Kurs abkommt: Anfragen wurden falsch eingeschätzt oder nicht fristgerecht bearbeitet, gravierende Fehler teilweise erst im Rahmen der Auslieferung bemerkt. Auch einige Führungskollegen und die Geschäftsleitung haben dies kritisch angesprochen. Sie stellen die Verlässlichkeit seines Teams infrage. Verunsicherung und Unzufriedenheit machen sich breit – intern und bei Kunden.

Ich komme als Beraterin ins Spiel, als Marc nach einem Kritikgespräch mit den Kollegen Wege aus der Misere sucht. Im ersten Gespräch schildert er neben den genannten Aspekten, dass die Kunden immer höhere und individuellere Anforderungen an die zu liefernden Lösungen stellen. Seinem bislang erfolgreichen Team würden mehr Ideenreichtum, größere Geschwindigkeit und mehr Beweglichkeit in Entscheidungsprozessen abverlangt, bei gleichbleibender oder sogar höherer Qualität der Arbeitsergebnisse. Es gehe darum, gemeinsam den gestiegenen Anforderungen gerecht zu werden und auch neuen Spielraum für die Weiterentwicklung seines Teams und des Geschäfts zu schaffen. Aus diesem Grund sei er überzeugt, dass ein »Weiter so« nicht sinnvoll sei. Die Führung und die Zusammenarbeit im Team müssten auf den Prüfstand gestellt werden. Denn die gewünschten Effekte von Innovation und Flexibilität hätten sie in den vergangenen Jahren durch Prozessverbesserungen und moderne Werkzeuge nicht erreicht. Befreundete Führungskräfte aus anderen Unternehmen hätten ähnliche Phänomene beschrieben, würden aber nun umdenken und erste Schritte in Richtung Selbstorganisation unternehmen. Das mache ihn zuversichtlich, dass es einen Versuch wert sei, auch mit seinem Team einen neuen Weg einzuschlagen.

Bevor auch er nun einen Entwicklungsprozess mit dem Team startet, möchte Marc mehr Klarheit darüber, was eine Transformation hin zu »mehr Selbstorganisation« für ihn und sein Team bedeutet. In Vier-Augen-Gesprächen will er folgende Fragen beleuchten:

- Wie kann er sein Veränderungsvorhaben und das damit verbundene Zukunftsbild konkreter zu fassen bekommen und im Team kommunizieren?
- Wie kann er die Veränderung aus seiner Rolle heraus »in Fahrt bringen«?
- Welche Ansatzpunkte gibt es, um den Verantwortungsbereich des Teams zu vergrößern und ihm auch mehr Entscheidungsbefugnisse zu übertragen?
- Wie kann er sein Team darin unterstützen, notwendige Kompetenzen aufzubauen, um das Zukunftsbild umzusetzen?

Seine Fragen halte ich für eine gute Richtschnur unserer Arbeit. Marc äußert zu diesem Zeitpunkt noch nicht den Wunsch, sich mit seiner eigenen Führungshaltung auseinanderzusetzen. Ich vertraue aber darauf, dass wir in den Reflexionen an die für ihn und die Transformation wesentlichen Aspekte herankommen, und so starten wir.

Um sein Bild der Zukunft zu konkretisieren, lade ich Marc ein, dieses in Form einer Skizze darzustellen. Im Austausch über dieses Bild wird sein Wunsch deutlich, dass das Team zukünftig neben der fachlichen Arbeit auch die Aufgabensteuerung selbst in die Hand nehmen solle. Außerdem erwartet er von den Teammitgliedern, selbstverständlicher und aus eigenem Antrieb Modernisierungsinitiativen anzustoßen. Um mehr Probleme eigenständig lösen zu können, müssen die Expertinnen konsequenter als bisher ihre Fachkompetenz teilen, indem sie im Alltag stärker Hand in Hand arbeiten. Sich selbst sieht er zukünftig eher in der Rolle desjenigen, der als Sparringspartner dafür sorgt, dass alle gut arbeiten können, und der sich mehr um die strategische Ausrichtung des Teams kümmert. Um besser greifbar zu machen, wie groß der Unterschied zwischen dem Heute und dem Zukunftsbild ist, bitte ich ihn, dies auf einer Skala von eins bis zehn (wobei zehn der Zielzustand ist) einzuschätzen:

»Wir stehen bei maximal vier und müssen auf zehn!«, bekräftigt er. Wie groß er den »Sprung« einschätzt, lässt uns erst einmal innehalten und zumindest den Absolutheitsanspruch der Zehn hinterfragen. Marc betont, dass er mit seinem Zukunftsbild herausfordern will – er sei zuversichtlich, dass der vor ihnen liegende Weg gangbar und auch attraktiv für sein Team sein könne.

Als ich ihn bitte, seine aktuelle Rolle im Team näher zu beschreiben, höre ich heraus, wie stolz er darauf ist, dass er sowohl etwas vom Automobilbau versteht als auch im Hinblick auf Führung ein gutes Händchen entwickelt hat. Er beschreibt sich als das »Zünglein an der Waage« für strategische Entscheidungen, die seinen Verantwortungsbereich betreffen. Zudem organisiert er die Auslastungssteuerung, initiiert Kursänderungen, wenn es darum geht, Prozesse zu modernisieren, und ist in Sachen Ideenfindung häufig eingespannt. Kritisch beschreibt er die Situation, dass in immer höherer Taktrate neue Anfragen von Kunden und benachbarten Funktionsbereichen aus dem eigenen Unternehmen auf ihn einprasseln. Der Berg auf seinem Schreibtisch werde kaum kleiner – trotz seiner hohen Disziplin. Das führe dazu, dass seine Funktion immer mehr zum Nadelöhr für das Team wird, wichtige Entscheidungen zu spät getroffen werden und die Arbeit ins Stocken gerät.

Meetings sind erfahrungsgemäß ein guter Kristallisationspunkt, um die Kommunikation und Problemlösungskompetenz der Akteurinnen zu erforschen. Deshalb bitte ich Marc zu beschreiben, wie diese typischerweise ablaufen. Er schildert widersprüchliche Situationen des Zusammenspiels: Häufig würden viele Facetten einer fachlichen Problemstellung von den Teammitgliedern in den Raum geworfen, jedoch nur selten hinterfragt. Wenn ein Aspekt einem oder mehreren nicht einleuchtet, werde das Detail häufig »weggeredet« und nicht in die Entscheidungsfindung einbezogen. Das ärgert Marc, denn er sieht, wie dadurch die Ergebnisse des Teams verflachen und wichtige Details unter den Tisch fallen – zulasten der Qualität und des Innovationswertes. Aus der Fachexpertise des Teams könnte wesentlich mehr entstehen, ist er überzeugt. Selbstkritisch merkt er an, dass er oft selbst, frustriert wegen der Komplexität der unterschiedlichen Facetten, aus dem »Wust« den für ihn naheliegenden Aspekt herauspickt und darauf basierend eine Entscheidung trifft. Dieser allein von ihm getroffenen Entscheidung ordnet sich das Team dann sofort und fast erleichtert unter. Vielleicht, so seine Idee, sei ein erster Ansatzpunkt, um das Team in Fahrt zu bringen, ihm ein Vorgehen an die Hand zu geben, wie es verschiedene Aspekte mit der eigenen Kompetenz gegeneinander abwägen und selber entscheiden kann – ohne dass sich Marc als Führungskraft einmischt. Andererseits beschreibt Marc Situationen, in denen er und sein Team immer wieder in Problemanalysen versinken, sich dabei allerdings keinen Meter auf eine Lösung zubewegen. Es werden zwar viele unterschiedliche Sichtweisen, wie ein Problem zustande gekommen ist, eingebracht und auch hin und her gewälzt, das Team schafft jedoch nicht den gedanklichen Sprung, aus dem »Klagemodus« in einen »Lösungsmodus« zu kommen. Aufgrund der erhöhten Geschwindigkeit im Alltagsgeschäft sollte das Team mutig »einfach mal machen«, anstatt sich zu lange an umfassenden Detailanalysen aufzuhalten.

Auf meine Frage, wie es mit der Übernahme von Verantwortung im Team aussieht, betont er die fachliche Kompetenz und den Elan seiner Teammitglieder bei der Umsetzung von Aufträgen. Er sei zuversichtlich, dass sie grundsätzlich in der Lage seien, darüber hinaus Verantwortung zu schultern. Seiner Einschätzung nach müsste er dazu jedoch einen Impuls geben. Um Klarheit zu gewinnen, welche Verantwortung und eventuell auch neue Entscheidungsbefugnisse er in Zukunft im Team sieht, nehmen wir gemeinsam eine Inventur seiner Führungsaufgaben vor. Dabei kristallisiert sich heraus, wie umfang- und facettenreich die Themen sind, die in seinen Händen liegen. Er nimmt sich vor, auf dieser Basis mit dem Team die Verantwortungsteilung und Entscheidungsbefugnisse zwischen ihnen neu auszubalancieren.

Neben seiner eigenen Vorbereitung für erste Veränderungsimpulse möchte Marc die externe Unterstützung auch dazu nutzen, Erkenntnisse im Team gemeinsam auszuwerten. Darauf basierend sollen mit allen Teammitgliedern weitere Entscheidungen getroffen werden, z. B. über notwendige Qualifizierungsmaßnahmen. Vor dem Hintergrund, dass es erfahrungsgemäß kein Patentrezept gibt, wie genau die Selbstorganisation im Team aussieht, schlage ich ihm vor, mit kleinen Experimenten zu starten anstatt mit einem vorab durchgeplanten großen Wurf. Dieses Vorgehen soll zügig zu greifbaren Ergebnissen führen, die dann sukzessive mit dem Zukunftsbild abgeglichen werden können. So haben Marc und sein Team nach und nach die Möglichkeit, herauszufinden, was für ihren konkreten Kontext wirksam ist. Den Einstieg für die Arbeit mit dem Team soll ein Workshop bilden.

Aus einigen Reflexionsgesprächen nimmt Marc eine weitere Erkenntnis mit: Seine ursprüngliche Annahme, dass die Veränderungen im Wesentlichen von seinem Team bewältigt werden müssten, macht der Einsicht Platz, dass auch er durch seine innere Haltung, z. B. gegenüber Neuem, und durch sein Verhalten, etwa im Rahmen von Lösungsfindungsprozessen, zur Veränderung beitragen muss. Nur so kann das Team zu einer flexibleren und selbstorganisierteren Zusammenarbeit finden. Marc nimmt sich vor, sein eigenes Tun stärker zu reflektieren und aktiv Gelegenheiten zu suchen, in denen er als Vorbild vorangehen kann.

3 Von eingefahrenen Loipen und neuen Wegen hin zu mehr Selbstorganisation

Wie in Marcs Firma ist in vielen hierarchisch gegliederten Industrie- und Dienstleistungsunternehmen eine Führungskraft für einen Funktionsbereich verantwortlich. Damit geht einher, dass diese Person zur Schaltzentrale für Entscheidungen auf vielen Ebenen wird. Und Hand aufs Herz: In dieser Position sehen sich die meisten gern. Sie finden es selbstverständlich, fachlich das letzte Wort zu haben, und sind gern zentrale Ideengeber, wenn es um Innovationen und Neuerungen geht. Spreche ich mit Führungskräften, die Funktionsbereiche mit Projekt- und Innovationstätigkeiten verantworten, schildern sie jedoch auch die andere Seite der Medaille: »Ständig habe ich das Gefühl, ich müsste mit 99 Bällen gleichzeitig jonglieren«, oder auch: »Durch unsere hierarchischen Strukturen drehen wir bei den komplexen Entscheidungen, die wir zu treffen haben, ewige Schleifen. Wir verbrennen die Zeit und Energie der Leute und arbeiten oft am Kunden vorbei.« Viele Führungskräfte erleben, dass sich im Zuge der zunehmenden Digitalisierung dieser gefühlte Druck weiter erhöht, denn sie müssen mit ihrem Team flexibler als bisher auf sich verändernde Kundenbedürfnisse eingehen. Das schafft vielfach der Einsicht Platz, dass die Verantwortungsteilung zwischen ihnen und ihren Mitarbeitern bzw. ihrem Team neu gestaltet werden sollte. Auch Schumacher und Wimmer bekräftigen, wie unerlässlich Kooperationsformen sind, mit der die Organisationen in der »erforderlichen Geschwindigkeit und Innovationskraft auf sich ständig ändernde Anforderungen von außen antwortfähig bleiben« (2019, S. 12).

Was über lange Zeit praktiziert wurde, lässt sich meist nicht so schnell verändern: Viele Mitarbeiterinnen halten es höchstens nach expliziter Aufforderung für ihre Aufgabe, sich neben ihrem Tagesgeschäft auch der Themen anzunehmen, bei denen scheinbar Bewährtes hinterfragt und modernisiert werden muss. Auf dem Weg hin zu mehr Verantwortungsübernahme durch die Teammitglieder – und damit verbunden einem höheren Grad an Selbstorganisation innerhalb des Teams – steht eine Führungskraft deshalb einer paradoxen Aufgabenstellung gegenüber:

1. Aus ihrer *alten* Rolle heraus muss sie in geeigneter Weise den Anstoß geben für ein Veränderungsvorhaben, das zur Folge hat, dass
2. sie sich in ihrer *neuen* Rolle so schnell wie möglich aus an das Team übergebenen Verantwortungsbereichen herauszieht und diese der Selbstorganisation des Teams überlässt.

Welche Herausforderungen es aus systemischer Sicht mit sich bringt, eingefahrene Muster und Rollen zu verlassen, und welche Anforderungen es gibt, um einen passenden Grad an Selbstorganisation in einem Team praktizieren zu können, fasse ich nachfolgend zusammen.

3.1 Eingefahrene Loipen verlassen

Hierarchisch geführte Unternehmen fokussieren durch ihre Steuerungsmechanismen eher darauf, Stabilität und langfristige Planbarkeit herzustellen. Schließlich sollen Routineaufgaben möglichst reibungslos laufen, und auch Projekte sollen so abgewickelt werden, dass wenige Risiken entstehen. Durch die Art der Führung und Zusammenarbeit haben sich ähnlich einem Netz aus Skiloipen bestimmte bewusste und unbewusste Muster in diesem System gebildet und stabilisiert. Einige »Loipen« mögen zwar weiterhin gut befahrbar sein und ihre Funktion erfüllen. Jedoch zwingt die zunehmende Digitalisierung Unternehmen, zugunsten von mehr Flexibilität und Innovationskraft umzudenken und neue Wege einzuschlagen.

In Organisationen lassen sich auf verschiedenen Ebenen – wie etwa bei dem Team von Marc – Muster (die bereits beschriebenen »Loipen«) beobachten. Sie entstehen durch die wiederholte Kommunikation der System-Teilnehmerinnen. In dem Fallbeispiel zeigt sich ein eingefahrenes Muster z. B. darin, dass Marc im Zweifel selbst die Entscheidung trifft und das Team sich jedes Mal erleichtert zurücklehnt. So ein Verhalten ist in einer Organisation nicht ungewöhnlich, es hält sie sogar manchmal am Leben: Jemand (in diesem Fall Marc) kombiniert seine Erfahrungen und sein Wissen, wägt Unsicherheiten gegeneinander ab, überdenkt mögliche Alternativen und trifft vor diesem Hintergrund eine Entscheidung. Mit der Kommunikation dieser Entscheidung taucht »plötzlich« eine vermeintliche Sicherheit auf, die die betroffenen Akteure wieder handlungsfähig macht. Wo die Beteiligten zuvor aufgrund von zu viel Unsicherheit oder Unentschlossenheit feststeckten oder sich im Kreis drehten, können sie jetzt sinnbildlich gesehen wieder die Ärmel hochkrempeln und weiterarbeiten. Diesen Entscheidungsprozessen liegen Prämissen in Form von formalen Strukturen (z. B. Organigramme), formellen (z. B. Regelmeetings) und informellen Kommunikationswegen und Personen (z. B. ihnen zugeschriebene Charaktereigenschaften oder Fachexpertise) zugrunde. Oft verfestigen sich die Muster im Laufe der Zeit so, dass sie unbewusst wirken und nicht mehr hinterfragt werden. So gibt sich die Organisation als System selbst eine Ordnung (Simon, 2015, S. 66–75). Doch wo ist das Problem?

Wenn sich das Umfeld eines Unternehmens verändert und nun z. B. Kunden die Erwartung haben, in kürzeren Taktraten beliefert zu werden als zuvor (On-demand-Systeme, die Echtzeitanforderungen unterliegen), merken Unternehmen als Systeme, dass ihre bisherigen Denkweisen, die Art der Kommunikation und Abstimmung untereinander oder auch eingeübte Abläufe nicht mehr zu dieser veränderten Umwelt passen. Die bisherige Ordnung ergibt zumindest in Teilen keinen Sinn mehr. Da die Muster eines Systems meist unbewusst ablaufen, nutzt es erfahrungsgemäß wenig, anzuordnen: »Seid flexibler!« Der Hoffnung, durch diesen Appell in einen neuen Zustand zu kommen, folgt vielfach die Enttäuschung auf dem Fuße: Es bleibt alles beim Alten oder es entsteht sogar Gegenwehr. Den adressierten Mitarbeitern ist häufig gar nicht bewusst, dass sie sich unflexibel verhalten oder sie sehen Flexibilität sogar als Gefahr an, schreiben sie doch ihren aktuellen Denk- und Verhaltensweisen zu, mit gut durchgeplanten und effizienten Abläufen Stabilität (und damit das Überleben des Systems) zu garantieren. Zugleich scheuen sie sich (häufig zu Recht), bisherige Entscheidungsprämissen zu durchbrechen und eigenständig mehr zu entscheiden. Doch genau das braucht es, damit die gewünschten Effekte von Geschwindigkeit und Innovationskraft entstehen können.

Um Veränderung in einem System zu initiieren, braucht es für alle Beteiligten einen neuen Orientierungspunkt, einen neuen Sinnzusammenhang, auf den sie ihre Aufmerksamkeit richten können (Simon, 2005, S. 97). Ein guter Ansatzpunkt dafür ist die bewusste Kommunikation über ein gemeinsames Bild der Zukunft: Im Fallbeispiel konkretisiert Marc zunächst seine Gedanken, um mit diesen dann in die Diskussion mit seinem Team zu gehen. Alle Beteiligten können sich dann anhand des gemeinsam entworfenen Zukunftsbildes fragen: »Macht es Sinn für mich, und wenn ja, in welcher Form will ich mich in diesem Zusammenhang einbringen?« Damit beginnen sie, miteinander in eine neue Ordnung hineinzufinden und ihre Spielräume und Grenzen auszubalancieren.

Damit eine Organisation, eine Abteilung oder auch ein einzelnes Team Muster entwickeln kann, die besser geeignet sind, auf aktuelle Anforderungen der Umwelt zu reagieren, ist erfahrungsgemäß Anschubhilfe nötig: Einerseits geht es darum, neue Loipen anzulegen, und andererseits gilt es zu verhindern, dass die Protagonisten in den alten Mustern steckenbleiben oder wieder in sie zurückfallen. Für diesen Anschub ist ein gemeinsamer Entwicklungs- und Lernprozess hilfreich, der die Beteiligten intensiv einbindet und ihnen immer wieder erlaubt, das eigene Tun zu reflektieren und zu überprüfen, ob das aktuelle Handeln noch zu dem neu definierten Ziel passt. Sie gehen sozusagen durch einen in Schleifen angelegten Prozess, bei dem sie im Fall von Abweichungen oder im Lichte neuer Erkenntnisse nachjustieren können (Königswieser u. Hillebrand, 2005, S. 45–53).

3.2 Anforderungen an selbstorganisierte Teams

Der vor allem von der zunehmenden Digitalisierung getriebene Wandel in der Arbeitswelt ist gekennzeichnet durch Dynamik, also durch »die Geschwindigkeit, in der sich die Veränderungen vollziehen, deren tief greifende Wirkung bzw. Radikalität«, und durch Komplexität, das heißt »die Anzahl der sich gleichzeitig und parallel verändernden Parameter« (Baltes u. Selig, 2017, S. 84). Um mit dieser Komplexität und Dynamik in der Arbeitswelt umgehen zu können, sollten Mitarbeiterinnen eines Unternehmens – Führungskräfte ebenso wie Teammitglieder – einer ganzen Reihe von Anforderungen gerecht werden. Unter anderem werden genannt:

- Die Fähigkeit, in einen explorativen, also eher erforschenden Modus überzugehen, »der darauf abzielt, den komplexen Kontext durch Handeln zu erforschen« (Baltes u. Selig, 2017, S. 90),
- die Fähigkeit, basierend auf den dabei gewonnenen Erkenntnissen, das eigene Handeln anzupassen (Baltes u. Selig, 2017, S. 90),
- die Fähigkeit, die eigene Lernorientierung und Lernfähigkeit zu erhöhen (Baltes u. Selig, 2017, S. 90),
- die Fähigkeit, unter Ungewissheit, also wenn die zukünftige Entwicklung nicht klar vorauszusehen ist, (intuitiv) zu handeln, statt abzuwarten (Faschingbauer, 2013, S. 25), und
- die Fähigkeit, sich mit anderen gemeinsam im Austausch Chancen und Gelegenheiten zu erschaffen (Faschingbauer, 2013, S. 25).

Zusammengefasst: Damit Führungskräfte und Mitarbeiter der heutigen Arbeitswelt gerecht werden können, sollten sie sich neugierig erforschend auf ihre Umwelt einlassen und die daraus entstehenden Erkenntnisse unmittelbar in ihr konkretes Handeln einfließen lassen. Damit geht einher, dass sie lernen, auch bei größerer Ungewissheit Entscheidungen zu fällen und Schritte zur Umsetzung dieser Entscheidungen einzuleiten. Um dies zu bewerkstelligen, ist in vielen Fällen ein erhöhter Austausch untereinander vonnöten. Wenn ich in diesem Buch von »agil«, »Agilität« oder auch »Flexibilität« spreche, beziehe ich mich auf die oben genannten Anforderungen in Bezug auf die Fähigkeiten der Akteurinnen.

Die Überlegungen von Marc, dem Team mehr Verantwortungsbereiche zu übertragen, legen es nahe: Um all das zu bewältigen – Beobachtungen der Umwelt zusammenzuführen, diese zu bewerten, Entscheidungen herbeizuführen und vieles mehr – muss ein Team seine Fähigkeiten ausbauen und lernen, sich selbst zu organisieren. Bei dieser Art von Selbstorganisation handelt es sich um die bewusste Gestaltung von Analyse-, Lösungsfindungs- und Entscheidungsprozessen, und vor allem um die bewusste Gestaltung von Rahmenbedingungen für Kommunikation und Interaktion, die die bereits zitierten »Chancen und Gelegenheiten« schaffen.

Führungskräfte können diesen Prozess hin zu mehr Selbstorganisation unterstützen, indem sie, wie im ersten Fallbeispiel beschrieben, die gemeinsame Entwicklung bewusst anstoßen und für die geeigneten Rahmenbedingungen bei der Umsetzung sorgen. Während dieses Prozesses eröffnet sich für alle Akteure die Möglichkeit, weitgehend unbewusste und nicht mehr zieldienliche Muster zu erkennen, sie im Zusammenhang mit einem neuen Zukunftsbild zu hinterfragen, und neue Loipen anzulegen und zu festigen.

II

Die systemische Beratung

4 Führung auf dem Prüfstand – die Transformation in Gang bringen

Im Fallbeispiel ist es bereits angeklungen: Ein wesentlicher Faktor, ob ein Transformationsprozess hin zu einer flexibleren Zusammenarbeit in Gang kommt, ist die Führungskraft selbst. Sie prägt den Prozess – zumindest am Anfang – wesentlich durch ihr eigenes Verhalten und auch dadurch, wie sie die dahinter liegenden Glaubenssätze hinterfragt. Erkennt sie, dass ein »Weiter so« bezogen auf das neue Ziel nicht dienlich ist, ist sie zuallererst gefordert. Im Folgenden beschreibe ich – abgeleitet aus dem Fallbeispiel – vier Handlungsfelder für Führungskräfte:

1. *Die eigene innere Landkarte der Führungsrolle aktualisieren:* Am Beispiel des Teamleiters Marc wird deutlich, dass mit den neuen Erwartungen der Führungskraft gegenüber den Mitarbeiterinnen auch sie gefordert ist, ihre eigene Rolle als Führungskraft, also ihr Denken und ihr bisheriges Handeln, zu hinterfragen und anzupassen.
2. *Ein klares Bild der Zukunft entwickeln:* Ein wesentlicher Schlüssel, um aus eingefahrenen Mustern herauszukommen, liegt darin, dass die Führungskraft ihr Bild einer wünschenswerten Zukunft für sich klärt und es mit den Mitarbeitern abgleicht.
3. *Verantwortungsbereiche übergeben:* Führungskräfte fordern gerne von ihren Teams, dass diese mehr Verantwortung übernehmen und auch eigene Entscheidungen treffen – doch muss sich die Führungskraft selbst oft Klarheit darüber verschaffen, welche Verantwortungsbereiche genau in die Hände des Teams gelegt werden sollen.
4. *Teamstärken fördern und bündeln:* Im Fallbeispiel ist angeklungen, dass Führungskräfte zwar oft ihr Team als ein solches bezeichnen, im Alltag jedoch eher die Einzelleistung betonen. Die

Herausforderung aus der Führungsrolle heraus ist, mehr Anreize und Rahmenbedingungen zu initiieren, welche die Teamleistung fördern.

4.1 Die eigene innere Landkarte der Führungsrolle aktualisieren

Unsere Denkweisen und die innere Haltung bestimmen, wie wir uns selbst verhalten und wie entsprechend andere Menschen auf uns reagieren. Werte, Glaubenssätze und Prinzipien, die wir uns im Laufe unseres Lebens zu eigen gemacht haben, bilden gleichsam die Topografie dieser inneren Landkarte. Viele Führungskräfte, die längere Zeit in hierarchisch gegliederten Unternehmen gearbeitet haben, haben verinnerlicht, durch ausgefeilte Planungs-, Kontroll- und Steuerungsmechanismen auf Maschinen, Prozesse und das Tun ihrer Mitarbeiter gezielt Einfluss zu nehmen. Diese Denk- und Handlungslogik hilft zwar auch heute noch, Routineaufgaben möglichst reibungslos zu bewältigen. Sie stößt jedoch dort an Grenzen, wo es darum geht, mit hoher Dynamik und Ungewissheit umzugehen. Beides erwächst aus radikalen technologischen Entwicklungen und sich schneller und tiefgreifender änderndem Kundenverhalten (Baltes u. Freyth, 2017, S. 4). Die innere Landkarte vieler Führungskräfte passt dann nicht mehr zu dem Gelände, das sie in ihrer täglichen Arbeit im Unternehmen begehen.

Drei Aspekte der inneren Haltung einer Führungskraft, die meines Erachtens besonders wirksam die innere Landkarte aktualisieren können, sind im Folgenden beschrieben.

4.1.1 Unterschiedliche Wirklichkeiten akzeptieren

Marc beschreibt, dass bislang in Teammeetings Facetten eines beobachteten Phänomens in den Raum geworfen werden. Sie werden jedoch nur in seltenen Fällen hinterfragt, sondern meist weggeredet.

Als Beispiel nennt er die gemeinsame Analyse der Wünsche einiger Kunden nach kurzfristigen Lieferterminen: Der Kunde sei »unorganisiert«, war eine Meinung. Der Kunde »wisse selbst in der letzten Minute nicht genau, was er will«, auch vom Kunden werde »mehr Flexibilität bei Änderungsanfragen« gefordert, waren die Standpunkte anderer Teammitglieder.

Führungskräfte werden diese unterschiedlichen Erklärungen und Bewertungen häufig erleben und sich womöglich fragen, warum nicht alle die Sache so sehen wie sie selbst. Obwohl mehrere Personen mit demselben Phänomen zu tun haben, nehmen sie doch unterschiedliche Facetten daran wahr (s. beispielsweise Watzlawick, 1981). Sie betrachten das Phänomen durch ihre »individuellen Brillen«: Während im Beispiel ein Teammitglied die Häufigkeit der Anfragen in den Vordergrund stellt, bezieht ein anderes eher den Leidensdruck des Kunden in seine Beschreibung ein. In Sekundenbruchteilen laufen Mechanismen der Wirklichkeitskonstruktion in Form von Beschreiben, Erklären und Bewerten ab. Dabei findet durch die beobachtende Person zunächst ein Selektionsprozess in Bezug auf die wahrgenommenen Reize statt. Zudem werden Ursache-Wirkungs-Beziehungen konstruiert, und es entstehen unterschiedliche Erklärungen, denen eine Einschätzung folgt, ob das Phänomen als positiv oder negativ erlebt wird. Während dies abläuft, wirken individuelle Erfahrungen, Prägungen und Glaubenssysteme (in Bezug zu ähnlichen Phänomenen) genauso wie die Beurteilung des Kontexts, bevor schlussendlich eine Erklärung bzw. Erkenntnis geäußert wird. So kann es dazu kommen, dass zu einem Phänomen mehrere Erklärungen nebeneinander im Raum stehen (Simon, 2005, S. 71–77).

Im Alltag eines Teams passiert es häufig, dass Erklärungen Einzelner einfach vom Tisch gewischt und in der Folge nicht in die weiteren Überlegungen einbezogen werden. Will eine Führungskraft mit ihrem Team zu einem höheren Grad an Selbstorganisation kommen, kann ihr das Anerkennen der unterschiedlichen Wirklichkeiten in mehrfacher Hinsicht dienlich sein:

- Die Führungskraft reduziert eigene blinde Flecken, indem sie zunächst ihre eigene Erklärung und die der anderen nebeneinander stehen lässt, anstatt vorschnell zu bewerten, welche richtig oder falsch ist.
- Das Team erreicht ebenfalls ein Bewusstsein über die Gleichberechtigung verschiedener Wirklichkeiten. Mit diesem Bewusstsein können im Team gemeinsame und unterschiedliche Einschätzungen aufgedeckt werden, woraus sich beispielsweise mehr Handlungsoptionen oder eine höhere Sicherheit im Hinblick auf zu treffende Entscheidungen entwickeln können.

Führungskräfte und Mitarbeiterinnen sehen sich im komplexen und dynamischen Umfeld zunehmend damit konfrontiert, dass einer Situation oder einer Beobachtung nicht mehr sicher die einzig richtige, wahre Erklärung zugeschrieben werden kann. Wenn für jemanden »sowohl dies als auch das« denkbar ist, kann er sich gegenüber den Sichtweisen, Ideen und Vorstellungen anderer einfacher respektvoll und neugierig öffnen, insbesondere dann, wenn sie von den eigenen abweichen. Er kann also in den »explorativen, […] erforschenden Modus« übergehen (Baltes u. Selig, 2017, S. 90).

Im Fall von Marcs Team bewährte es sich, im nächsten Meeting die verschiedenen Facetten, welche die Teammitglieder vor dem Hintergrund ihrer unterschiedlichen Erfahrungen und Rollen einbrachten, sammeln und aufschreiben zu lassen – zunächst unkommentiert. In einem zweiten Schritt erforschte das Team gemeinsam, wie die jeweiligen individuellen Einschätzungen zustande gekommen waren. Jedem wurde Zeit eingeräumt, seine Herleitung und Begründung zu erläutern. Mit zwei Fragen unterstützte Marc den Austausch:

- Was scheint euch in Hinblick auf diese Facette des Problems besonders erwähnenswert?
- Welche Einflussfaktoren seht ihr in Zusammenhang mit dem genannten Aspekt?

Mit diesem Vorgehen verhalf Marc sich selbst und seinem Team dazu, die Hintergründe und komplexen Einflussfaktoren der unterschiedlichen und teils auch widersprüchlichen Einschätzungen zu erforschen. Durch den Austausch über die subjektiven Herleitungen und Beweggründe merkte Marc selbst, wie seine ursprüngliche Überzeugung, seine Meinung sei *die einzig richtige und gangbare,* zunehmend aufweichte und er sich selbst öffnete für neue, von den Expertinnen in seinem Team vorgebrachte Aspekte. Ähnliches beobachtete er bei seinen Teammitgliedern. Gemeinsam kamen sie im Rahmen des Austauschs in einen Fluss der gemeinsamen Problemanalyse ohne vorschnelle und eindimensionale Lösungsvorschläge.

4.1.2 Sich gegenüber Neuem öffnen

Führungskräfte, die bewusst in eine neue Richtung gehen, also Veränderungen initiieren wollen, bitte ich häufig, folgende Bilanz zu ziehen: »Angenommen, Sie würden über einen Arbeitstag hinweg eine Strichliste machen und jeden Gedanken, der einem inneren ›Nein‹ entspringt, also z. B. ›Das geht nicht‹, ›Das will ich nicht‹, ›Das ist schwierig‹, mit einem Strich versehen. Und ebenso jeden Gedanken, der einem inneren ›Ja‹ entspringt, also z. B. ›Ich probier's‹, ›Das hört sich spannend an‹, ›Das schaffe ich‹. Wie wäre am Ende des Tages Ihre Bilanz?«

In der gemeinsamen Auswertung der Bilanz wird meist deutlich: Obwohl manche Personen sagen, dass sie Abwechslung und neue Herausforderungen begrüßen, haben sie – wenn sie ehrlich mit sich sind – mehr Striche auf der Nein-Seite. Bei denjenigen, die mehr Striche auf der Ja-Seite haben, zeigt sich, dass sie durch ihre innere Haltung ihre Aufmerksamkeit darauf setzten, dass es *ganz bestimmt* Möglichkeiten gibt, etwas zu erreichen, auch wenn noch nicht ganz klar ist, auf welche Weise oder wie genau das Ergebnis aussieht. Sie entwickeln vielfach Lust oder Ehrgeiz oder haben einen gewissen Abenteuergeist: Sie sagen »Au ja!«, wenn sie darum gebeten werden, erstmals einen Vortrag vor vielen Menschen zu halten, oder probieren die neuesten Apps aus und lassen sich auf ihnen unbekannte Methoden ein mit der inneren Haltung »Ich habe zwar keine Ahnung, wie das funktionieren soll, doch ich kann bestimmt was dabei lernen!«. Man kann diese Einstellung auch so beschreiben: Sie haben den Antrieb, sich mit etwas Neuem zu beschäftigen, und riskieren dabei auch, sich aus ihrer Komfortzone herauszubewegen.

Die Wissenschaftlerin Carol Dweck hat dieser Bereitschaft des Menschen, etwas dazuzulernen und für sich Dinge neu zu entdecken, die Bezeichnung »Growth Mindset« (Dweck, 2017) gegeben – die innere Landkarte dieser Menschen ist von der Möglichkeit persönlichen Wachstums geprägt. Dem gegenüber stellt sie das »Fixed Mindset«, welches eine innere Landkarte beschreibt, die auf dem Glauben basiert, die eigenen Möglichkeiten hingen ausschließlich vom eigenen Talent ab. Diese Menschen bekräftigen fortlaufend ihre innere Überzeugung »Wenn ich kein Talent für eine bestimmte Sache besitze, ist es auch nicht verwunderlich, dass ich in diesem Bereich nichts erreiche«. In ihren Studien mit Menschen aus unterschiedlichen Kontexten wie der Musik, dem Sport oder dem Management konnte Dweck zeigen, dass es ganz entscheidend ist, ob eine Person daran *glaubt,* etwas dazulernen zu können, damit sie Entwicklungsschritte macht.

Dwecks Untersuchungen decken zwei weitere Dinge auf. Erstens: Mit der Überzeugung, etwas sei in der Zukunft nicht erreichbar, nur weil es bis jetzt noch nicht erreicht wurde, bindet man sich selbst und anderen (unbewusst) einen Klotz ans Bein. Und zweitens zeigt sie, dass die jeweilige Einstellung auch von der Situation abhängt, in der sich die Person befindet. Hilfreich ist, Folgendes herauszufinden: »Welche Ereignisse oder Umstände bringen uns dazu, unsere Fähigkeiten (oder die anderer) für unveränderbar zu halten? Welche Ereignisse oder Umstände veranlassen uns zu urteilen, statt zu wachsen?« (Dweck, 2017, S. 249).

Für die innere Haltung einer Führungskraft, die selbst Neues in ihrem Team anstoßen will, bedeutet das:

1. Sie braucht innere Klarheit, an welcher Stelle sie selbst aus der Komfortzone heraustreten und lernen will, ihrem Ziel, z. B. mehr Eigenverantwortung ins Team zu geben, näher zu kommen.
2. Sie fordert ihre Mitarbeiterinnen heraus, selbst daran zu glauben, dass es möglich ist, mit den neuen Aufgaben, z. B. einer neuen Verantwortungsteilung, zurechtzukommen.

Das pauschale Betonen des Talents (oder die Aussage »Du bist gut«) reizt Mitarbeiter laut Dweck allerdings nicht dazu, aus der Komfortzone zu kommen. Stattdessen ist es hilfreich, ihnen gegenüber hervorzuheben, welches bisher beobachtete Verhalten oder welche Strategie dazu beitragen könnte, dem gesetzten Veränderungsziel ein Stück näher zu kommen. Beispielsweise so: »In dem Workshop X war mein Eindruck, dass du durch deine präzisen Zusammenfassungen der Gruppe immer wieder Orientierung gegeben hast. Was hältst du davon, das auszubauen, indem du ein Moderationstraining besuchst? Das würde uns bei den neu gestalteten Besprechungen helfen.« Die Führungskraft stößt also einen Prozess an, indem sie durch Rückspiegelung ihrer Beobachtungen und durch Fragen ihre Mitstreiter anregt, sich selbst zu entwickeln und dadurch einen Beitrag zur Gestaltung der Zukunft zu leisten. Das gelingt der Führungskraft, wenn sie Interesse an den Mitarbeiterinnen hat und mit ihnen gut in

Kontakt ist. »Kontakt ist eine Form aufrichtiger Nächstenliebe … Sie hat die Form unbedingter Freundlichkeit« (Sprenger, 2012, S. 257).

Tipp: Den eigenen Growth Mindset trainieren

Führungskräfte mit einer hohen Nein-Bilanz rege ich dazu an, regelmäßig zu reflektieren und bewusst mehr Jas einzuladen. Ansatzpunkte dafür sind folgende:

- Statt »nicht« besser »noch nicht« denken: Ich kann *noch nicht* die Steuerung aus den Händen geben; sie können *noch nicht* die Entscheidung für xy eigenständig treffen.
- Sich bewusst machen, welche ähnlichen Herausforderungen man selbst oder andere bereits gemeistert haben und *wodurch* das möglich wurde.
- Beobachten, was einen dazu veranlasst, die eigenen Fähigkeiten (oder die anderer) für unveränderbar zu halten. In sich hineinhören, wie man sich in einer solchen Situation fühlt, und überlegen, was man gegen diese (Selbst-)Sabotage tun kann.
- Klare Unterscheidungen treffen: Wann lohnt es sich, aus der Komfortzone zu kommen und wann nicht. Es kann auch gute Gründe geben, sich für die Sicherheit des Bewährten zu entscheiden.
- Wiegen die Gründe, sich aus der Komfortzone herauszubewegen, und die, darin zu verharren, gleich schwer, entscheidet man sich für die Herausforderung mit dem Gedanken »Ich kann daraus lernen«.

4.1.3 Eine lösungsorientierte Haltung einnehmen

Taucht im Unternehmensalltag ein Problem bei der Zusammenarbeit auf, ist häufig folgendes Phänomen zu beobachten: Die Beteiligten richten den Blick zunächst in die Vergangenheit, suchen nach Erklärungen und analysieren, wie das Problem zustande gekommen ist – sie untersuchen also den Zeitraum, *bevor* das Problem *auftauchte.*

Während dieses Verhalten im Zusammenhang mit technischen Problemen sinnvoll sein kann, erscheint es dann, wenn es um Verhalten und Interaktion im Rahmen der Zusammenarbeit geht, häufig nicht zieldienlich. Denn im Zuge dieser Untersuchungen prallen individuelle Erklärungen aufeinander: Die einen fangen an, sich zu rechtfertigen, und die anderen beginnen, Schuldige zu suchen. Vorhaben geraten dadurch ins Stocken, da die Akteure ihre Energie einsetzen, um sich selbst reinzuwaschen oder die bisherige Vorgehensweise zu verteidigen. Unbeabsichtigt unterstützt die Führungskraft ein solches Verhalten in einem Team, wenn sie eine Rechtfertigung einfordert und wissen will, »wie das geschehen konnte«.

Will eine Führungskraft sich selbst und das Team darin stärken, eine Fehler- und Problemlösungskultur zu entwickeln, in der selbstverständlich und eigenverantwortlich Missstände oder Probleme ausgesprochen werden, kann sie dies durch eine lösungsorientierte Haltung und Herangehensweise erreichen (von Schlippe u. Schweitzer, 2012, S. 209 ff.): Anstatt den Fokus auf den Zeitraum zu richten, *bevor* das Problem entstand, und die »Vorfälle« zu analysieren, erkennt sie zunächst das Problem als eine beobachtete Wirklichkeit (siehe 4.1.1) an. Mittels der Frage, wie der Zustand ist, wenn das Problem nicht mehr existiert, kann sie im zweiten Schritt ihre Gedanken auf einen wünschenswerten Soll-Zustand lenken. Die Frage der Führungskraft lautet also anstatt »Wie konnte das passieren?« eher »Stellen wir uns vor, das Problem ist gelöst. Wie werden wir das geschafft haben?«.

Meiner Erfahrung nach geschieht durch diese schnelle gedankliche Ausrichtung auf einen wünschenswerten Soll-Zustand etwas für viele Erstaunliches: Obwohl ja der Missstand noch existiert und womöglich mehrere Beteiligte einen Anteil daran haben, entstehen durch diese lösungsorientierte Haltung und Fragestellungen konstruktive Gedanken und Gespräche rund um eine Lösungsfindung.

Die Akteure erforschen fast automatisch, welche Ressourcen, Fähigkeiten, Fertigkeiten und Kompetenzen sie einbringen können, und formulieren auch Vorschläge für neue Verhaltens- bzw. Herangehensweisen.

Will die Führungskraft ihre Mitarbeiterinnen dazu anregen, schneller in einen Lösungsmodus zu kommen, sind die offenen und systemischen Fragetechniken (von Schlippe u. Schweitzer, 2012, S. 249 ff.) mächtige Werkzeuge, die sie dabei unterstützen. Durch die Fragen werden die Teammitglieder einerseits dazu angespornt, sich für Neues zu öffnen, andererseits steigt meiner Erfahrung nach die Bereitschaft, für eine Lösung einzutreten, wenn die Idee dafür von der Person bzw. dem Team selbst stammt.

Tipp: Fragen, die zur Suche nach Lösungen anspornen

Nachfolgende Beispiele für Fragen sind so formuliert, als würde jemand sie einer anderen Person stellen. Sie können jedoch auch für die Selbstbefragung dienen, wenn das »du« durch »ich« ersetzt wird.

- *Den wünschenswerten Soll-Zustand klären:* Woran würdest du erkennen, dass das Ziel erreicht ist/dass du fertig bist?
- *Erste Schritte herausfinden:* Wie würdest du an die Sache herangehen?
- *Erfahrungen einbeziehen:* Was hast du schon versucht, um das Thema zu lösen? Was hat davon gut, was weniger gut funktioniert?
- *Problem eingrenzen, Unterschiede klären:* Wo zeigt sich das Problem/Phänomen, wo nicht?
- *Auswirkungen abwägen:* Angenommen, du würdest Weg A wählen, was hätte das für Auswirkungen (auf wen)?
- *Allgemeine offene klärende oder anregende W-Fragen:* Wer …?, Womit …?, Wohin …?, Wofür …?, Wie viel …?, Wie …?, Wozu …?

Für viele Führungskräfte, die die Lösungsorientierung ihres Teams stärken wollen, ist es eine besondere Herausforderung, ihren eigenen »inneren Experten« in den Hintergrund zu stellen, also buchstäblich zum Nicht-Wissenden zu werden. Statt selbst *ihre* eigene Lösung vorzuschlagen, spornen sie die Fachleute, die näher am Thema dran sind, im Lösungsfindungsprozess durch Fragen an. So werden zwar Überraschungen und Widersprüche auftauchen, es können jedoch auch neues Wissen und praktikablere Lösungen entstehen (von Mutius, 2017, S. 24).

4.2 Ein klares Bild der Zukunft entwickeln

Wenn ein Team einen neuen Weg einschlagen will, hilft es den Akteuren, klare Anhaltspunkte zu bekommen, in welche Richtung der neue Weg verläuft. Eine richtungsweisende Botschaft in Form eines Zukunftsbildes gibt Orientierung und lenkt die Aufmerksamkeit der Mitarbeiter von den ausgefahrenen Skiloipen hin zu noch unbefahrenen Schneefeldern.

Dabei geht es im Kern darum, eine wünschenswerte Zukunft zu beschreiben und mit den Beteiligten neue Bedeutung zu generieren. Aus systemischer Sicht gewinnt »jedes Phänomen [...] seine Bedeutung und Wirkung aus seinem kontextuellen Wechselwirkungszusammenhang« (Schmidt, 2008, S. 80). Als guter Startpunkt hat sich für Führungskräfte bewährt, ihr Zukunftsbild zunächst für sich selbst zu klären, bevor sie zu diesem Bild in den Austausch mit ihren Mitarbeitern gehen und mit der Auseinandersetzung darüber auch eine Richtungsänderung ankündigen. Das heißt nicht, den Mitarbeitern eine fertige »Zustandsbeschreibung« zu liefern, sondern eher erste Anhaltspunkte für die gemeinsame Auseinandersetzung, eine Basis also, von der aus im Team gemeinsam weitergedacht werden kann.

Marc visualisiert seine Gedanken zum Zukunftsbild auf einem DIN-A3-Papier. Er gestaltet ein detailreiches Gemälde, über das wir uns in einem der gemeinsamen Reflexionsgespräche austauschen. Er erläutert, welche Gedanken ihn geleitet haben und was ihm durch die kreative Auseinandersetzung insbesondere im Hinblick auf seine Wertvorstellungen und in Bezug auf Kooperation und Interaktion deutlich geworden ist. Wesentliche Erkenntnisse notiert er sich auf Karten, um sie im Nachgang nochmal zu sortieren und in Form einiger Kernaussagen prägnant zusammenfassen. Darin formuliert er, welches Kundenversprechen er mit seinem Team geben möchte, wie er sich die Zusammenarbeit vorstellt und welche Bedeutung es für ihn hat, sich mit dem Team gemeinsam weiterzuentwickeln.

Tipp: Kreativ das Denken in neue Bahnen lenken

Die Anwendung nichtsprachlicher Methoden – wie Bilder malen, Gegenstände sammeln, Landkarten gestalten oder mit Lego etwas bauen – hilft, aus einer vagen Idee neue wichtige, zuvor unbewusste Aspekte der eigenen Vorstellung von der Zukunft zutage zu fördern und diese im nächsten Schritt zu konkretisieren. Durch die kreative Herangehensweise werden neben den auf der Hand liegenden sachlich-fachlichen Aspekten auch emotionale oder unter der Oberfläche liegende Gesichtspunkte zum Vorschein gebracht und greifbar gemacht. Solche Methoden werden auch im Rahmen von Innovationsprozessen eingesetzt, beispielsweise im Design Thinking, um den kreativen Prozess zu unterstützen und Ideen und Ergebnisse konkret werden zu lassen (Uebernickel, Brenner, Pukall, Naef u. Schindlholzer, 2015, S. 148).

Ein mit kreativen Mitteln erstelltes Bild der Zukunft bildet eine gute Grundlage entweder für die eigene Reflexion oder um im Austausch mit anderen herauszuarbeiten, wo Unterschiede zu der aktuellen Situation gesehen werden. Sind die Unterschiede formuliert, können die Verantwortlichen in der Regel gut selbst Handlungsfelder benennen, um den gewünschten Zustand in der Zukunft zu erreichen.

4.3 Verantwortungsbereiche übergeben

Marc wünscht sich, dass sein Team mehr Verantwortungsbereiche übernimmt, die bislang in seinen Händen liegen. Seine Vermutung ist, dass er und sein Team dadurch beweglicher mit unvorhergesehenen Situationen, z. B. »Ad-hoc-Anfragen«, umgehen können. Gemäß der Prämisse »Entscheidungen dort treffen, wo die höchste Expertise dafür vorhanden ist« soll durch die Übertragung von Verantwortung an das Team die Basis für qualitativ bessere und von allen getragene Lösungen verbreitert werden. Dazu braucht es einen klar definierten Rahmen für jeden Verantwortungsbereich, der einerseits absteckt, wo sich das Team bei der Bearbeitung des jeweiligen Bereichs frei bewegen kann, und der andererseits für die Führungskraft markiert, wo sie sich nicht einmischt, sondern auf die Selbstorganisationsfähigkeit des Teams vertraut. Die Erfahrung zeigt, dass eine Übernahme neuer Verantwortungsbereiche durch das Team nur gelingt, wenn sich auch die Führungskraft an den abgesteckten Rahmen hält und jeder Versuchung widersteht, sich einzumischen.

Eine Voraussetzung dafür, mit dem Team den Spielraum innerhalb neuer Verantwortungsbereiche auszuhandeln, ist, dass sich die Führungskraft im Vorfeld selbst damit auseinandersetzt, wo sie loslassen und im Gegenzug die Teammitglieder in die Pflicht nehmen will, denn »gerade diejenigen, die hervorragende Leistungen bringen, wollen, dass man sie in die Pflicht nimmt« (Covey, 2009, S. 211).

Führungskräften hilft zur Vorbereitung eine Inventur der Verantwortungsbereiche, die sie zum aktuellen Zeitpunkt in ihrer Rolle angesiedelt sehen. Das betrifft die formal von der Organisation vorgegebenen Themen, z. B. Entscheidungen zur Neueinstellung von Mitarbeiterinnen, Angebote freigeben, Budgets verteilen, Urlaub genehmigen. Die Inventur bezieht andererseits auch Tätigkeiten mit ein, die nicht explizit der Führungskraft zugeordnet sind, sondern auf Glaubenssätzen oder Routinen des Alltags beruhen, und deren Übernahme durch die Führungskraft sich im Laufe der Zeit (scheinbar) bewährt hat: Mitarbeit an Lösungen für fachlich kniffelige Themen und Absegnen derselben, Vertretungsregelungen festlegen, Sitzordnungen erarbeiten usw.

Damit Führungskräfte sich auf das Experiment einlassen können, dem Team neue Verantwortungsbereiche zu übertragen, bietet sich für sie ein Perspektivwechsel an: Was wären die Antworten der Teammitglieder auf folgende Fragen?

- Welche neuen Verantwortungsbereiche würden uns leicht-, welche eher schwerfallen?
- Welche neuen Verantwortungsbereiche würden wir mit Begeisterung übernehmen, um dieses Thema endlich in den eigenen Händen zu halten?

Regelmäßig erlebe ich, dass Führungskräfte bei der Reflexion der oben genannten Fragen aus Sicht des Teams zu der Erkenntnis kommen, den Mitarbeitern viel mehr zutrauen zu können als ursprünglich angenommen. Sie machen sich beispielsweise bewusst, welche Kompetenzen das Team in der Gesamtheit hat und dass es auch in der Vergangenheit schon oft sehr eigenverantwortlich Probleme gelöst hat. Warum sollte das also in der Zukunft nicht funktionieren?

Der Perspektivwechsel unterstützt die Führungskraft darin, klar zu benennen, welche Verantwortungsbereiche sie an das Team übertragen will. Marc kristallisierte beispielsweise heraus, zunächst dem Team die Aufgabensteuerung zu überantworten, die Behebung von Qualitätsproblemen in die Verantwortung des Teams zu geben und ihm auch die Gestaltung der Team-(Regel-)Kommunikation zu überlassen. Er selbst will die Teammitglieder zukünftig in der Rolle des

»Sparringspartners« in diesen Feldern unterstützen. Zum Abschluss eines solchen Perspektivwechsels sollte sich die Führungskraft selbst klar machen, welche Bereiche aus ihrer Sicht unmittelbar an die Mitarbeiterschaft gehen können, wo noch Unterstützungsbedarf besteht oder wo Abstimmungen zu einzelnen Entscheidungen mit ihr erfolgen müssen. Die genaue Festlegung folgt später in der Aushandlung mit dem Team, wichtig ist zu diesem Zeitpunkt lediglich, dass die Führungskraft sich dazu erste Gedanken macht, die sie später konkret mit dem Team diskutieren kann.

Im Zusammenhang mit der Erweiterung des Verantwortungsbereichs stellt sich für die Führungskraft die Frage, inwieweit sie dem Team auch mehr Entscheidungsbefugnis übertragen kann. Als möglicher Ansatzpunkt, dies für sich selbst und später in Abstimmung mit dem Team zu klären, können Delegationsebenen dienen. Darin wird explizit vereinbart, wer zu welchem Thema und in welcher Tiefe Entscheidungen treffen kann. Die Delegationsebenen wurden in ähnlicher Weise von Jürgen Appelo in seinem »Delegation Poker« (Appelo, 2018, S. 66 ff.) definiert (siehe Tabelle 1).

Tipp: Klären, wie weitreichend die Delegation ist

Tabelle 1: Delegationsebenen

1. Mitteilen	Ich (die Führungskraft) treffe eine Entscheidung und werde sie ihnen (den Teammitgliedern) mitteilen, aber nicht diskutieren.
2. Erklären	Ich entscheide und werde versuchen, ihnen meine Entscheidung zu erklären und sie (die Teammitglieder) zu überzeugen.
3. Befragen	Ich hole mir vor meiner Entscheidung den Rat der Teammitglieder und bitte um Vorschläge, um auch ihre Meinung zu respektieren.
4. Einigen	Wir treffen die Entscheidung gemeinsam und versuchen einen Konsens zu erreichen.
5. Beraten	Ich werde sie auf der Grundlage meines Wissens zwar beraten, aber sie entscheiden.
6. Erkundigen	Ich überlasse ihnen die Entscheidung, bitte sie aber nach ihrer Entscheidung, mich von ihrer Weisheit zu überzeugen. Ich werde nachfragen (ich möchte informiert bleiben).
7. Delegieren	Ich delegiere komplett, überlasse ihnen die Entscheidung und brauche auch keine Information mehr.

4.4 Teamstärken fördern und bündeln

»Gemeinsam sind wir stark!« – dieses Motto gaben sich bereits die drei Musketiere, und es spornte sie an, Außergewöhnliches zu erreichen. Marc hat dieses Motto im Hinterkopf bei seiner Vorstellung, die geballte Kraft seines Teams zu fördern. Er füllt es mit Leben, indem er konsequent herausarbeitet, welche Verantwortungsbereiche er an das Team übergeben möchte und darüber mit dem Team in einen Aushandlungsprozess geht. Er erkennt auch, dass er Rahmenbedingungen und Anreize schaffen muss, die die Experten stimulieren, »gemeinsame Sache zu machen«. Dazu möchte er Anreize in den Vordergrund rücken, welche eher die Teamleistung und Teamentwicklung betonen, statt wie bisher ausschließlich die Einzelleistung (verbunden mit individuellen Ziel- und Bonusvereinbarungen). Führungskräfte wie Marc haben erfahrungsgemäß verschiedene Ansatzpunkte, um die Teamstärken hervorzuheben und damit auch eine neue Kultur der Zusammenarbeit zu fördern:

- *Es gibt eine gemeinsame, Sinn stiftende und gelebte Wertebasis:* Viele Unternehmen stellen bislang das Leistungsprinzip in den Vordergrund, um einen Vorsprung gegenüber der Konkurrenz zu erreichen und Gewinne zu maximieren. Doch zunehmend werden auch andere Aspekte hervorgehoben: Sie streben danach, auch durch eine wertorientierte, gelebte Kultur bei den Mitarbeiterinnen »eine herausragende Motivation zu erreichen« (Laloux, 2015, S. 33–37). Auch eine Teamleitung wie Marc kann eine wertorientierte Kultur fördern. Der erste Schritt dazu ist meist, sich ins Bewusstsein zu rücken, dass jeder Mensch individuellen Werten folgt: Während dem einen beispielsweise wichtig ist, ständig weiter zu lernen und sich dadurch persönlich zu entwickeln, stehen für den anderen Stabilität und Sicherheit im Vordergrund. Im Lichte dieser Erkenntnis kann die Führungskraft Gelegenheiten schaffen (etwa in einem Workshop), bei denen sich die Akteure im gemeinsamen Diskurs darüber verständigen, an welchen *gemeinsamen* Werten sie sich orientieren wollen. Ein weiterer Aspekt, um Werte lebendig werden zu lassen, ist, Rahmenbedingungen dafür zu schaffen, dass die Akteure individuell und gemeinsam einen sinnvollen Beitrag leisten können. Dieser kann sich auf die Aufgaben beziehen, die unmittelbar im Zusammenhang mit dem Geschäft stehen, jedoch auch auf gemeinsame Aktivitäten darüber hinaus, beispielsweise soziales Engagement: Oft öffnet es den Akteuren die Augen, wenn sie im gemeinsamen Einsatz ungeahnte Fähigkeiten aneinander und Verbundenheit miteinander entdecken, indem sie sich in einem ungewohnten Kontext kennenlernen. Das weiß auch Bodo Janssen zu berichten, der dies in seiner Hotelkette Upstalsboom praktizierte: Auf Anregung seiner Mitarbeiterinnen halfen diese in Gummistiefeln einem Elbfischer nach einer Flutkatastrophe, Sandsäcke und Trümmer beiseitezuschaffen: »Es hatte nicht nur zu einer Verbundenheit mit dem Fischer geführt, sondern auch zu einer [Verbundenheit] innerhalb der hierarchischen Ebenen im Hotel […]« (Janssen, 2016, S. 218).

- *Eine offene und gegenseitige Feedbackkultur fördern:* Statt sich ausschließlich einmal im Jahr als Führungskraft mit einem Mitarbeiter im formalen Beurteilungsgespräch zum Feedback zu treffen, praktizieren Führungskraft und Team dies kontinuierlich gemeinsam, denn »mit ausführlichem Feedback von mehreren Kollegen erhalten wir eine sinnvollere Rückmeldung über unseren Beitrag« (Laloux, 2015, S. 128). Dazu regt die Führungskraft an, dass Feedback in regelmäßig stattfindenden Gesprächen verankert wird. Dies kann beispielsweise die Auswertung von Arbeitsprozessen sein oder das halb-formelle tägliche Treffen an der Kaffeemaschine, bei dem sich die Akteurinnen kurz darüber austauschen, wie sie ihre Zusammenarbeit im Projekt erleben.

Erfahrungsgemäß müssen Führungskraft und Team sich zunächst darüber verständigen, auf welche Weise sie Feedback praktizieren wollen, und sich ins Bewusstsein rufen, auch gelungene Strategien zur Weiterentwicklung des Geschäfts herauszukristallisieren. Denn durch diese »positiven« Rückmeldungen können sich die Protagonisten vor Augen halten, welches Verhalten andere als hilfreich, wünschenswert und wertvoll erachten, und das verstärken – und sich über die Rückmeldung freuen.

- *Das Arbeitsumfeld bietet Bedingungen, die den Austausch fördern:* Selbstorganisation erfordert erfahrungsgemäß viel Kommunikation miteinander, um zu Ideen und Entscheidungen zu kommen. Insofern brauchen die Akteure Möglichkeiten, sich jenseits des Schreibtischs zu begegnen, um sich entweder hochkonzentriert oder auch ungezwungen unterhalten zu können – ohne andere dabei zu stören. Meiner Erfahrung nach muss dies bewusst im Raumkonzept eines Unternehmens bzw. Teams eingeplant und gestaltet werden. In Marcs Team wird beispielsweise der Bereich im Büro, in dem das »Daily Standup« (vgl. Kap. 5) stattfindet, zu solch einem zentralen Begegnungsort. Marc gab dem Team für die Gestaltung dieser »Schaltzentrale« völlig freie Hand und ein Budget, durch das es möglich war, entsprechende Ausstattung, wie Whiteboards, ein Flipchart und einen Stehtisch, zu beschaffen. In anderen Teams bzw. Unternehmen werden z. B. auch Kaffeeküchen, Besprechungs- und Kreativräume entsprechend den Vorstellungen von Mitarbeiterinnen gestaltet.

Wenn die Führungskraft die Teamstärken betonen möchte, muss sie zumeist die beschriebenen Aspekte stimulieren, um das gemeinsame Handeln der Teammitglieder in den Vordergrund zu rücken. Gleichzeitig zeigt sich in dieser Initiative ihr Balanceakt: Sie muss ausloten, wann und in welcher Weise sie sich aktiv einbringt und zu welchen Aspekten sie dem Team freie Hand lässt, damit es entsprechend der eigenen Vorstellungen und Bedarfe die Zusammenarbeit gestalten kann.

5 Mit dem Team auf dem Spielfeld der Selbstorganisation – die Fallgeschichte im weiteren Verlauf

Ein zweitägiger Workshop mit externer Moderation bildet den Startpunkt für den einjährigen Transformationsprozess in Richtung selbstorganisierter Zusammenarbeit, den Marc mit seinem Team anstößt. Er soll vor allem zwei Ziele bedienen: Marc möchte mit dem Team zu einem gemeinsamen Bild der Zukunft kommen und er will im Workshop die Grundlage dafür bereiten, dass das Team unmittelbar danach mit ihm gemeinsam loslegt in Richtung einer neuen Form der Zusammenarbeit.

Ein gemeinsames Zukunftsbild als Grundlage für das Erkennen von Unterschieden

Im Workshop beginnen Marc und sein Team, ein gemeinsames Zukunftsbild zu entwickeln. Seine eigene Vorarbeit zum Zukunftsbild gibt ihm die Sicherheit, den Prozess zu begleiten. Die Frage »Wie machen wir als selbstorganisiertes Dreamteam unsere Kunden glücklich?« setzt er als Ausgangspunkt der gemeinsamen Überlegungen. Er hebt hervor, dass es ihm darum geht, herauszufinden, was *neue* Aspekte der Zusammenarbeit und des Arbeitsumfeldes sind. Als Methode nutzen sie Storyboards: Die Teammitglieder malen Filmszenen zukünftiger Alltagssituationen. Das Vorgehen macht allen Beteiligten Spaß und lenkt sie auf neue Denkpfade. In den Szenen gehen sie beispielsweise darauf ein, wie sie das Problem der in hoher

Taktrate eintreffenden Kundenanfragen in den Griff bekommen. Im anschließenden Gespräch kristallisiert das Team zentrale Gedanken und Werte heraus, die ihnen wichtig sind. So wird aus dem anfangs von Marc eingebrachten Motto »Gemeinsam sind wir stark« das Teammotto »Gemeinsam wachsen wir über uns hinaus«. Weitere kleine Geschichten lassen die Zukunft lebendig werden, wecken Emotionen und fördern für den Wert »Kundenorientierung« den Satz »Wir haben den Kunden im Blick« zutage, für den Wert »Konstruktive Fehlerkultur« den Satz »Wir jagen keine Schuldigen, sondern Lösungen«. Diese neuen Aspekte, die für sie auch die Qualität von Selbstorganisation widerspiegeln, fassen sie als »Manifest« zusammen, das ihnen in der folgenden Zeit Orientierung geben soll.

Am Ende des Workshops vereinbaren sie, dass die Aufgabensteuerung ab sofort in den Händen der Teammitglieder liegt. Dies soll ein erstes Experimentierfeld für die Selbstorganisation werden. Den optimalen Prozess hierfür wollen die Teammitglieder selbst entwickeln. Es soll ein »Daily Standup« stattfinden – ein tägliches, 15-minütiges Treffen zu Beginn des Tages, in dem man sich über anstehende und abgeschlossene Aufträge austauscht. Ein Taskboard soll ihnen im Daily Standup eine Übersicht über anstehende Aufgaben verschaffen und ihnen die Aufgabensteuerung für den anstehenden Tag ermöglichen.

Für das Team beginnt nun die Umsetzung im Arbeitsalltag: Es startet noch in derselben Woche mit dem Daily Standup, das immer an demselben zentralen Ort ihres Gemeinschaftsbüros stattfindet. Abwechselnd übernimmt jeweils ein Teammitglied die Moderation. Jedes Teammitglied beantwortet kurz die drei Fragen »Was habe ich gestern getan?«, »Was werde ich heute tun?« und »Welche Hürden müssen aus dem Weg geräumt werden?«, damit das Team eine gemeinsame Übersicht über den Stand der Aufgaben erreicht. Anfangs kommen die Teammitglieder noch unvorbereitet ins Daily Standup, was dazu führt, dass sie die Fragen nicht beantworten können, Zeit verschwendet wird und wichtige Aufgaben übersehen werden. Nach einem gemeinsamen Abgleich mit ihrem im Auftaktworkshop formulierten Wert »Wir haben den Kunden im Blick« erkennen sie, dass sie sich etwas mehr vorbereiten sollten, um innerhalb der 15 Minuten die wesentlichen Fakten auf den Tisch bringen zu können. Was anfangs noch etwas wackelig verläuft, wird zunehmend routiniert und bewirkt, dass sowohl das Team als auch Marc sukzessive die Sicherheit bekommen, alle Aufgaben im Blick zu haben und auf kritische Entwicklungen reagieren zu können.

Reflexion als Mittel zur kontinuierlichen Verbesserung der Zusammenarbeit

Dass das Daily Standup optimal auf die Bedürfnisse des Teams zugeschnitten werden konnte, wurde auch durch die regelmäßige Reflexion über die Art und Weise der Zusammenarbeit möglich. Diese findet monatlich innerhalb der sogenannten »Retrospektive« statt. Die Retrospektive ist ein, aus dem agilen Framework kommendes Format, das das Team im Auftaktworkshop vereinbart hatte. In ihr reflektieren alle innerhalb einer Stunde gemeinsam mit Marc, wie ihr Zusammenspiel sie als Team auf ihrem Weg zu mehr Selbstorganisation voranbringt. Bei ihren ersten Treffen lassen sie sich von mir als Moderatorin unterstützen. Das Team wünscht sich, sukzessive an die Reflexion herangeführt zu werden und Sicherheit im Ablauf und in der Gesprächsführung zu bekommen. Meine Reflexionsfrage »Was hat euch vorangebracht im vergangenen Monat?«, die ich aus der Moderationsrolle heraus stelle, provoziert zunächst Ratlosigkeit, ein Austausch über die Art und Weise der Zusammenarbeit ist ungewohnt: »Warum sollen wir darüber überhaupt sprechen? Wir haben einfach gearbeitet!« Manche stellen sogar die ganze Retrospektive infrage, da sie sich von ihrer »eigentlichen Arbeit« abgehalten fühlen. Erst als ich beharrlich dazu auffordere, konkreter zu beschreiben, *wie* sie etwas gemacht haben, und *was* der *Effekt* war, entsteht sukzessive ein Bild, was im Zusammenspiel gut funktioniert hat und wie sie von diesen Erfahrungen in Zukunft profitieren. Demgegenüber bringt die Frage »Was hat uns festgehalten?« oft die mit frustriertem Unterton vorgebrachte Einschätzung zutage, die Ursache für ein Feststecken läge darin, dass »die anderen einfach nicht das tun, was doch offensichtlich zu einem Fortschritt führen kann«. Erst nach einigen Anläufen und im gemeinsamen Ringen legen die einzelnen Teammitglieder ihre Annahmen und Erwartungen auf den Tisch: Sie decken beispielsweise ihre verschiedenen Sichtweisen auf, durch welche Kniffe und Tricks die Aufgabensteuerung wirkungsvoller werden kann. Erst mit der Zeit lernen sie diese gemeinsame Reflexion schätzen, denn sie nehmen durch sie auch Ideen mit, was sie im Zusammenspiel anders machen und wie sie das ansprechen können.

Entscheidungsprozesse im Team durchführen

In seiner Vorbereitung auf den Transformationsprozess hin zu mehr Selbstorganisation hat sich Marc im Rahmen seiner Inventur einen Überblick über seine Verantwortungsbereiche verschafft. Davon will er nun nach dem gemeinsamen Auftaktworkshop einige an sein Team übertragen und in diesem Zusammenhang auch Entscheidungsbefugnisse mit dem Team neu klären.

Die Frage, wer wann auf welche Weise Entscheidungen trifft, fordert sowohl Marc als auch die Teammitglieder heraus: Während sich die Teammitglieder früher mit einer Entscheidung von Marc auf der sicheren Seite fühlten, sollen sie nun in manchen Bereichen mehr selbst entscheiden. »Heißt das, dass nun alle immer gemeinsam einen Konsens finden müssen?«, fragen sie sich. Der Alltag zeigt schnell, dass das keinen Sinn macht. Bereits im Auftaktworkshop sprechen sie darüber, dass jeder weiterhin wie gewohnt seine fachlichen Entscheidungen trifft. Im Rahmen einer der folgenden Retrospektiven vereinbaren sie zusätzlich die Einführung des Vier-Augen-Prinzips, um sich in den Fällen kollegialen Rat zu holen, in denen einer das Gefühl hat, an seine Grenzen zu kommen. Dies betrifft vor allem Entscheidungsbefugnisse, die zuvor bei Marc angesiedelt waren und nun an ein Teammitglied übergeben wurden. Marc ist in diesen Fällen in mehrerer Hinsicht gefordert, denn einige Teammitglieder kommen aus alter Gewohnheit weiterhin zu ihm, um sich eine Entscheidung absichern zu lassen: Er muss der Versuchung widerstehen, selbst zu entscheiden (was ihm leicht von der Hand ginge), und den Ball klar an das Teammitglied zurückspielen. Das tut er mit der Frage »Was brauchst du, um die Entscheidung ohne mich treffen zu können?«. Er fordert das Teammitglied damit heraus, Eigenverantwortung zu übernehmen. Entsprechend dem Motto »Steter Tropfen höhlt den Stein« tragen seine Fragen nach und nach Früchte: Die Mitarbeiterinnen lernen, dass Marc ihnen die Entscheidungen zutraut, und werden dadurch selbstbewusster. Seine Entscheidungssicherheit beleuchtet das Team regelmäßig innerhalb der Retrospektiven. Es beschäftigt sich dabei öfter mit der Frage einer *falschen Entscheidung.* Gemäß ihrem im Auftaktworkshop formulierten Motto »Wir jagen keine Schuldigen, sondern Lösungen« finden die Teammitglieder heraus, was sie durch Irrtümer lernen und zukünftig in ähnlichen Situationen anders machen können und durch welche Prinzipien sie zügig zu Entscheidungen kommen. Die so gefundenen Vorgehensweisen bestärken sie nach und nach in der Übernahme von Entscheidungen, auch wenn manchmal das Gefühl besteht, durch eine schmerzliche Lernerfahrung gegangen zu sein.

Durch Moderationskompetenz Selbstorganisation in Schwung bringen

Wie wichtig es ist, das Daily Standup und die Retrospektive durch Moderation zu unterstützten, kommt sehr schnell ans Tageslicht: Bei den Meetings, bei denen Marc oder eine externe Moderation die Gesprächsführung unterstützen, finden die Teammitglieder schnell zu »des Pudels Kern« und können notwendige Maßnahmen ableiten. Moderiert niemand explizit, verheddern sie sich in Endlosdiskussionen und häufen ungelöste Probleme auf. Genervt spricht das ein Teammitglied an, nachdem es am Ende einer Retrospektive wieder einmal das Gefühl hat, mit leeren Händen dazustehen. Nachdem ich mit allen Teammitgliedern ein Mini-Training zu Moderationstechniken durchgeführt habe, schnappen sich die Teammitglieder nun selbst den »Moderationshut« und moderieren die Daily Standups bzw. Retrospektiven. Damit sich ihre Moderationsfähigkeiten vertiefen, beobachte und spiegele ich bei einigen Sitzungen meine Beobachtungen zu den angewendeten Moderationstechniken und ihren Wirkungen ins Team. Dabei unterbreche ich mehrfach das Tun und bitte die Teammitglieder zu reflektieren, was das Gespräch gut in Fluss gebracht hat und wodurch sie ins Stocken oder auf Abwege geraten sind. Das ist zwar anstrengend für die Teilnehmer, doch es führt ihnen direkt vor Augen, was sie anders machen können: Sie geben sich zum einen selbst ein bisschen mehr Zeit und wenden zum anderen zunächst nur die Techniken an, die die meisten kennen, um sich Sicherheit zu geben. Das führt dazu, dass ihre Treffen zunehmend routinierter werden und ihnen gute Erkenntnisse bringen.

6 Mit dem MEER-Modell zentrale Fähigkeiten selbstorganisierter Teams fördern

Eine Führungskraft und ihr Team können in einem komplexen und dynamischen Umfeld eine hohe Wirksamkeit erreichen, wenn sie Flexibilität in ihrer Zusammenarbeit praktizieren. Auf dem Weg dorthin ist es wesentlich, dass sich die Akteure intensiver als bislang gewohnt darüber austauschen, ob das aktuelle Handeln darauf einzahlt, den gewünschten Zustand zu erreichen. Das Team muss dabei neben seinen *fachlichen Aufgaben* zwei weitere Felder im Blick haben: zum einen die *Planung und Steuerung* der Aufgaben und zum anderen die *Weiterentwicklung als Team bzw. Organisation.*

Die Verständigung darüber, welche Schritte gemeinsam auf diesen Feldern gemacht werden, ist für Teams meist eine enorme Herausforderung und gleichzeitig ein zentraler Erfolgsfaktor dafür, ob der Transformationsprozess gelingt: Es reicht nicht aus, wenn eine Person für sich ein bestimmtes Wissen oder eine Erkenntnis hat. Sie muss es dem System – in diesem Fall also dem Team – auch zur Verfügung stellen. Aus dem Austausch kann ein Team gemeinsam Handlungen ableiten – sowohl für den Transformationsprozess als auch später im Rahmen seiner selbstorganisierten Verantwortungsbereiche. Jedes Teammitglied sollte also mit den anderen bewusst in Kommunikation treten. Die Praxis zeigt, dass Teammitglieder für diesen gemeinsamen Austausch vier zentrale Fähigkeiten ausbauen können: Moderieren, Erkennen, Entscheiden und Reflektieren. Aus den Anfangsbuchstaben dieser zentralen Teamfähigkeiten leitet sich das Akronym MEER ab. Anhand des MEER-Modells zeige ich, wie eine Führungskraft und ihr Team diese Fähigkeiten schrittweise erweitern und mit welchen Hilfsmitteln sie sich das Leben leichter machen können (siehe Abbildung 1: MEER-Modell).

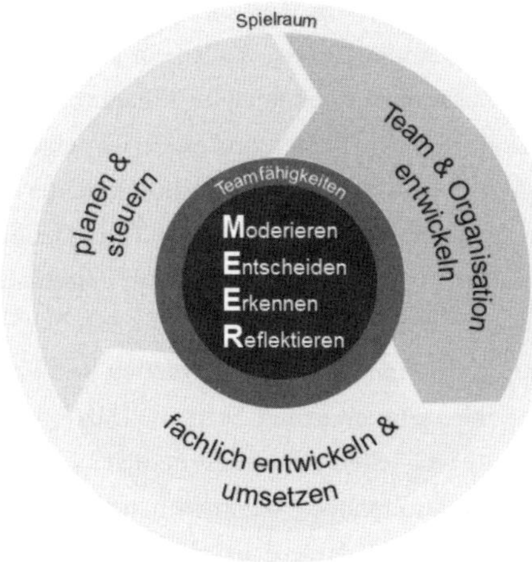

Abbildung 1: MEER-Modell

Fachlich entwickeln und umsetzen: Auf diesem Feld spielen sich alle fachlichen Tätigkeiten eines Teams ab. Dazu gehören beispielsweise die Entwicklung von Produkten und Dienstleistungen, Tests und Qualitätssicherung und die Abstimmung mit Kundenanforderungen. Mitgliedern von Teams und auch ihren Führungskräften bereiten diese Tätigkeiten in der Regel die wenigsten Probleme: In ihren jeweiligen Fachgebieten kennen sie sich gut aus und der fachliche Austausch mit Kolleginnen gehört praktisch zum Tagesgeschäft.

Planen und steuern: Zu diesem Feld gehören die Priorisierung einzelner Arbeitsaufgaben, ihre Verteilung auf die Teammitglieder, die Festlegung der zeitlichen Abfolgen und die Kontrolle der Aufgabenerledigung. Die Verantwortung für diese Tätigkeiten hat in hierarchisch geführten Unternehmen meist die Führungskraft. Einige Teammitglieder kennen einzelne Tätigkeiten zwar aus einer temporären Projektverantwortlichkeit, oft sehen sie jedoch ihre Verantwortung lediglich darin, die eigenen Aufgaben zu koordinieren und nicht die des gesamten Teams. Wollen ein Team und seine Führungskraft ihre Zusammenarbeit flexibler gestalten, müssen die Verantwortlichkeiten im Feld »Planen und Steuern« neu ausbalanciert werden. Denn nur wenn die einzelnen Teammitglieder diese erweiterte Verantwortung übernehmen, kann ein Team flexibel und weitestgehend unabhängig von der Führungskraft entscheiden, wie es seine Aufgaben organisiert.

Team und Organisation entwickeln: In diesem Feld befinden sich alle Aktivitäten des gemeinsamen Lernens. Dazu gehört es z. B., Fähigkeiten und Fertigkeiten zu erweitern, die einem Team helfen, sich an veränderte Bedingungen anzupassen, und geregelte Arbeitsprozesse zu modernisieren. Außerdem geht es in diesem Feld darum, Veränderungen an den Schnittstellen des Teams zur umgebenden Organisation umzusetzen. In hierarchisch organisierten Unternehmen initiieren Teammitglieder zwar häufig ihr eigenes Lernen (z. B. Schulungen). Ein selbstorganisiertes Team muss jedoch auch eigenständig bestehende Abläufe verbessern, anstatt dazu auf den Anstoß von außen zu warten. Dafür brauchen die Teammitglieder die Befugnis und auch das Selbstverständnis, die Team- und die Organisationsentwicklung weitestgehend eigenständig in Abstimmung mit der Führungskraft voranzutreiben.

Wie Teams ihre vier im MEER-Modell aufgeführten zentralen Fähigkeiten stärken können, zeige ich entsprechend ihrer Abfolge in der Praxis auf, um die Darstellung besser nachvollziehbar zu machen. Ich löse mich also von der Reihenfolge im Akronym MEER:

1. *Erkennen:* Damit Mitglieder selbstorganisierter Teams ihrer erweiterten Verantwortung gerecht werden können, brauchen sie die Möglichkeit, anhand von Unterschieden zu erkennen, ob sie sich auf einem guten Weg befinden. Das Erkennen von Unterschieden ist eine zentrale Fähigkeit, mit der ein Team auf dem

Weg hin zu mehr Selbstorganisation die noch wenig eingespielte neue Richtung halten kann.

2. *Reflektieren:* Die Akteure müssen in der Lage sein, ihre individuellen Wahrnehmungen, Sichtweisen und Annahmen zu hinterfragen. Diese Fähigkeit, gemeinsam zu reflektieren, ist zentrale Grundlage, um im Team selbstorganisiert fachliche Entscheidungen zu fällen, Arbeitsabläufe zu planen und Entwicklungsbedarfe anzugehen.
3. *Entscheiden:* Mit zunehmender Verantwortungsübernahme braucht das Team entsprechende Entscheidungsbefugnisse und die Fähigkeit, im Team Entscheidungen zu treffen. Die bewusste Anwendung von Entscheidungsprinzipien hilft den Teammitgliedern, bei der Bewältigung komplexer Aufgaben zu einer höheren Geschwindigkeit zu kommen.
4. *Moderieren:* In der Praxis sind die Schritte eins bis drei keineswegs trivial. Setzt ein Team Moderationstechniken bewusst ein, kann es leichter zu neuen Erkenntnissen kommen und sich die Entscheidungsfindung vereinfachen. So bahnt es sich einfacher neue Loipen und bleibt auf noch wenig eingeübten Wegen in der Spur.

In den nachfolgenden Abschnitten schlüssle ich diese Fähigkeiten auf.

6.1 Erkennen

Marcs Team befindet sich auf seinem Entwicklungspfad hin zu mehr Selbstorganisation auf unbekanntem Terrain. Damit sich die einzelnen Akteure nicht verlaufen, gibt ihnen das gemeinsam entwickelte Bild der Zukunft Orientierung. Auch im operativen Alltag braucht ein Team die Möglichkeit, zu erkennen, ob es gute Arbeit macht bzw. sich auf einem guten Weg befindet und ob die Art und Weise, wie es zusammenarbeitet, sinnvoll erscheint oder nicht. Die Fähigkeit, diese Unterschiede zu erkennen, ist eine wesentliche Grundlage für den in Kapitel 4.2 genannten explorativen, erforschenden Modus – ein zentrales Merkmal selbstorganisierter Teams. Auf dem Weg hin zu mehr Selbstorganisation hilft diese Fähigkeit zu erkennen dem Team, die noch wenig eingespielte neue Richtung zu halten. Für ein gut eingespieltes selbstorganisiertes Team ist Erkennen dann eine permanente Aufgabe, um sich als Team und Organisation zu entwickeln.

Das Beispiel von Marcs Team zeigt, dass das Team auf seinem Entwicklungspfad seinen Spielraum erweitert und sich stärker der Verantwortung stellt, fachliche Entscheidungen zu fällen und diese auch umzusetzen (s. »Fachlich entwickeln und umsetzen« im MEER-Modell). Es übernimmt auch Aspekte der Führung, die zuvor zentral bei der Führungskraft gebündelt waren (s. »Planen und steuern« im MEER-Modell). Im Rahmen der Transformation wächst es sukzessive in diese Verantwortung hinein. Wenn wir in den Unternehmensalltag schauen, braucht es für jede Richtungsänderung eine Initialzündung. Diese muss erfahrungsgemäß von der Führungskraft ausgehen. Dabei hat es sich bewährt, dass diese den Fokus des Teams zu Beginn auf Anhaltspunkte oder Messgrößen lenkt, anhand derer das Team eigenständig Unterschiede zwischen Wunsch (Zukunftsbild) und Wirklichkeit feststellen kann. Mit diesem konstanten Abgleich lernen die Teammitglieder, im Rahmen ihrer neuen Verantwortungsbereiche zu beobachten, ob die gewünschten Resultate erzielt werden, und zwar sowohl im Zusammenspiel untereinander als auch auf der operativen Arbeitsebene: Befinden wir uns als Team innerhalb des vereinbarten (und zum Zeitpunkt der Vereinbarung als sinnvoll erachteten) Spielraums oder driften wir heraus? Oder: Erscheint ein erkannter Zustand als wünschenswert und hilfreich oder nicht? Drei Anhaltspunkte sind besonders wichtig: Werte und Prinzipien zur Zusammenarbeit, die sich aus dem gemeinsamen

Zukunftsbild ableiten, konkrete Messgrößen sowie Achtsamkeit. Zusammen befördern sie im Rahmen der operativen Umsetzung die Fähigkeit zum Erkennen.

- *Unterschiede erkennen anhand von Werten und Prinzipien:* Marc erschließt sich gemeinsam mit seinem Team die Werte und Prinzipien zur Zusammenarbeit über das gemeinsame Zukunftsbild: Anhand der Storyboards entsteht eine gemeinsame Geschichte, wie die Zukunft aussehen soll. Wesentliche, darin angesprochene Werte werden vom Team in kurze Sätze gegossen. Sie erinnern die Akteure im Alltag an ihr Zukunftsbild und geben Anhaltspunkte, um Unterschiede zwischen dem aktuellen Handeln und dem zukünftigen Zustand zu erkennen. Mit dem Satz »Gemeinsam wachsen wir über uns hinaus« will Marcs Team sich beispielsweise anspornen, immer wieder abzugleichen, ob die Kenntnisse und Arbeitsteilung des Teams noch zu den aktuellen Anforderungen ihres Geschäfts passen. Damit dieses Ansinnen im Alltag verankert ist, wurde die Retrospektive vereinbart. Anfangs hat es auch gut funktioniert, gemeinsam die Zusammenarbeit zu beleuchten. Einem Teammitglied fällt jedoch auf, dass Kollegen teilweise nicht mehr an der Retrospektive teilnehmen, obwohl sie im Büro sind. Es erkennt also, dass die Vereinbarung auf operativer Ebene, nämlich »alle gemeinsam die Retrospektive durchführen«, nicht mehr eingehalten wird und dass deshalb auch der Fokus nicht mehr explizit auf dem *gemeinsamen Wachsen* liegt. Anstatt im Stillen darauf zu hoffen, dass es wieder besser wird, spricht die Person ihre Beobachtung an. Sie möchte herausfinden, wie die Einschätzung der anderen ist und ob sie sich neu darüber verständigen müssen, wie das »gemeinsame Wachsen« vorangebracht wird.

Tipp: Orientierung durch Werte und Prinzipien zur Zusammenarbeit

Gemeinsam vereinbarte Werte und Prinzipien, die sich auf die Zusammenarbeit beziehen, geben den Akteurinnen in einem dynamischen Umfeld Stabilität und Orientierung. Werden sie gemeinsam entwickelt und aufgeschrieben, können sie dem Team als Richtschnur dienen. Sie können in Form eines Booklets gedruckt, auf illustrierten Karten an die Wand gehängt oder auf T-Shirts appliziert werden und als Ansporn dienen, sich immer wieder an sie zu erinnern und zu fragen: »Leben wir diese Werte oder nicht?« Gemäß dem Motto »Nur gelebte Werte sind gute Werte« können sie auch im Teamalltag verankert werden, z. B. durch ein wiederkehrendes Ritual oder gemeinsame Aktionen.

- *Unterschiede erkennen anhand von Zahlen, Daten, Fakten:* Sinnvolle und transparente Messgrößen versetzen das Team »in die Lage […], die Arbeit und die Resultate in ihrem Einflussbereich zu verbessern« (Appelo, 2018, S. 156). Auf dem Weg zu mehr Selbstorganisation muss die Führungskraft mitwirken. Sie kann »Wissensarbeitern helfen, ihrem Denk- und Wirkungsraum einen Rahmen zu geben. Diese Rahmensetzung soll für Budgets und Timings sensibilisieren und unternehmerisches Denken fördern« (Gebhardt, Hofmann u. Roehl, 2015, S. 31). Marc tut dies, indem er bestimmte Kennzahlen transparent zugänglich macht und zudem mit ihnen ein Taskboard installiert. Mit diesem Steuerungsinstrument visualisiert das Team Aufgaben und verfolgt sie und baut das Erkennen von Unterschieden auch anhand von konkret messbaren Zahlen, Daten und Fakten weiter aus.

Tipp: Das Taskboard zur Planung und Steuerung nutzen

Durch den Einsatz eines Taskboards kann das Team seine Abläufe und die Arbeitsverteilung besser verstehen, diese ständig verbessern und die Auslastung steuern. Die Methodik leitet sich aus dem im Toyota Production System etablierten »KANBAN« ab. Der japanische Begriff bedeutet »›Karte‹, ›Ticket‹ oder ›Hinweis‹ und bezeichnet ein Instrument zur Steuerung des Materialflusses« (Liker, 2006, S. 69). Das ursprünglich in der Fertigung eingesetzte Werkzeug wird mittlerweile in abgewandelter Form vielfach auch im Bereich der Entwicklung und Dienstleistung genutzt.

Ein einfaches Board ist in drei Spalten eingeteilt, z. B. Neue Aufgaben (To Do), In Arbeit (Doing), Fertig (Done). Alle Aufgaben des Teams werden auf Karten geschrieben und in die Spalte To Do geklebt. Nimmt eine Person sich einer Aufgabe an, verschiebt sie die Karte in die Spalte Doing. Ist die Aufgabe erledigt, verschiebt sie die Karte in die Spalte Done. Täglich trifft sich das Team vor dem Taskboard und geht nacheinander anhand der aktuellen Karten folgende Fragen durch: »Was habe ich gestern getan?«, »Was werde ich heute tun?«, »Welche Hürden oder Hindernisse müssen aus dem Weg geräumt werden?«. Anhand der Visualisierung der Aufgaben am Board und durch den Austausch anhand der Fragen können bewusst Aufgaben priorisiert und verteilt sowie Hindernisse eigenverantwortlich aus dem Weg geräumt werden. Je nachdem, welche Arbeitsteilung und Arbeitsabläufe Teams haben, können Boards unterschiedlich strukturiert sein. Es lohnt sind, anzufangen und zu experimentieren und sukzessive das bestmögliche Board zu entwickeln.

- *Achtsamkeit:* Zusätzlich zu den Anhaltspunkten und Messgrößen braucht das Team meiner Erfahrung nach Momente des Innehaltens, um Unterschiede gut erkennen zu können. In der dynamischen Arbeitswelt ist jedoch oft so viel gleichzeitig los, dass dadurch wichtige Signale im Außen, aber auch im Inneren übersehen werden. Die Folge ist, dass Impulse für Richtungsänderungen oft gar nicht entstehen können. Eine Möglichkeit, um diesem Phänomen bewusst etwas entgegenzusetzen, ist, im Team mehr Achtsamkeit zu praktizieren. Achtsamkeit wird als »reines Beobachten« oder auch »Vergegenwärtigung« bezeichnet (Schmidt, 2015, S. 25). Durch die Fokussierung auf das Hier und Jetzt verschafft man den Signalen des eigenen Körpers und der Gedanken mehr Gehör, ohne sie vorschnell zu bewerten. Marcs Team startet beispielsweise die Retrospektiven, indem es sieben Atemzüge lang gemeinsam schweigt. Es unterbricht dadurch bewusst den Gedankenfluss und lenkt den Fokus weg von der operativen Tätigkeit und Alltagshektik hin zum gemeinsamen Austausch. Obwohl dieses kleine wiederkehrende Ritual zunächst ungewohnt war, erkannten die Teammitglieder bald, dass das gemeinsame und bewusste Einstimmen ihnen hilft, die Wahrnehmung für sich selbst und füreinander zu verstärken. Durch achtsame, also auf das Hier und Jetzt ausgerichtete Kommunikation erkennt das Team auch sensibler Veränderungen bei sich selbst und in der Umwelt.

Dass der Einzelne etwas erkennt und seine Erkenntnis den anderen auch mitteilt, wird in Teams häufig zum Zünglein an der Waage, ob Lernen und Entwicklung kontinuierlich stattfinden kann. Klug gesetzte Anhaltspunkte und Achtsamkeit in Bezug auf sich selbst und die Kommunikation und Interaktion untereinander können dabei helfen, zu erkennen, wie die Situation gerade jetzt ist. Wurde etwas erkannt, das aus dem Rahmen driftet, folgt Schritt zwei, nämlich die gemeinsame Auseinandersetzung, also Reflexion darüber.

6.2 Reflektieren

Gemeinsam Reflexion zu betreiben bringt Erkenntnisse, fördert neue Verbindungen und gemeinsames Lernen. Die Fähigkeit zu reflektieren ist zentrale Grundlage, wenn ein Team selbstorganisiert fachliche Entscheidungen fällen, die Arbeitsabläufe selbst planen und eigene Entwicklungsbedarfe selbstständig angehen will (vgl. die drei Felder des MEER-Modells).

Wenn wir Reflexion bewusst und gemeinsam mit anderen betreiben, »können Gedankengänge, Denkmuster und Schablonen nochmals überprüft und eventuell korrigiert bzw. modifiziert oder gar ›über Bord geworfen‹ werden« (Königswieser u. Hillebrand, 2005, S. 49). Indem es eine Frage mit Abstand und im Austausch betrachtet, vermeidet ein Team, den Wald vor lauter Bäumen nicht mehr zu sehen. Stattdessen werden Unterschiede in den Beobachtungen deutlich und die eigenen Gedanken erscheinen oft in einem neuen Licht: Blinde Flecken können aufgedeckt werden, Gedankenschleifen sich auflösen, neue Sichtweisen entstehen, und das, worum es eigentlich geht, kann sichtbar werden. Reflexion gibt dem Lern- und Entwicklungsprozess Treibstoff, um in die gewünschte Richtung voranzukommen.

Die gemeinsame bewusste und regelmäßige Reflexion ist für Marc und sein Team, wie für viele andere auf dem Weg hin zu einer flexibleren Zusammenarbeit, (noch) nicht an der Tagesordnung. Für Marcs Team beispielsweise hat es sich als praktikabel erwiesen, Reflexion innerhalb der *Retrospektive* zu institutionalisieren. Sie wird in regelmäßigen Abständen durchgeführt, um über den vergangenen Zeitraum zu reflektieren. Beispielsweise indem sich die Teilnehmer anhand der Fragen »Was hat uns vorangebracht?« und »Was hat uns festgehalten?« austauschen. Ziel dieser Betrachtung ist herauszufinden, was im kommenden Zeitraum anders gemacht werden kann, und konkrete Maßnahmen zu definieren, die das Team selbst umsetzt

(Maximini, 2013, S. 183). In Marcs Team verdichtet sich durch die Reflexion das Bild, wie ein wirkungsvolles Zusammenspiel aussieht, wie der Weg dorthin gestaltet und wie das gemeinsame Lernen vorangebracht werden kann. Dadurch nähert es sich schrittweise der neuen – speziell für dieses Team passenden – Art der Führung und Zusammenarbeit an.

Bei der Reflexion können verschiedene Hilfsmittel unterstützen:

- *Gemeinsame Vereinbarungen im Blick haben:* Die im vorherigen Abschnitt zum Thema »Erkennen« angesprochenen Gemeinsamkeiten und Unterschiede können z. B. mithilfe eines »Team-Radars« (Abbildung 2) reflektiert werden. Viele Teams nutzen den Team-Radar in regelmäßigen Abständen in Rückblicken, um zu hinterfragen, wie gut sie zu den ihnen wichtigen Aspekten unterwegs sind.

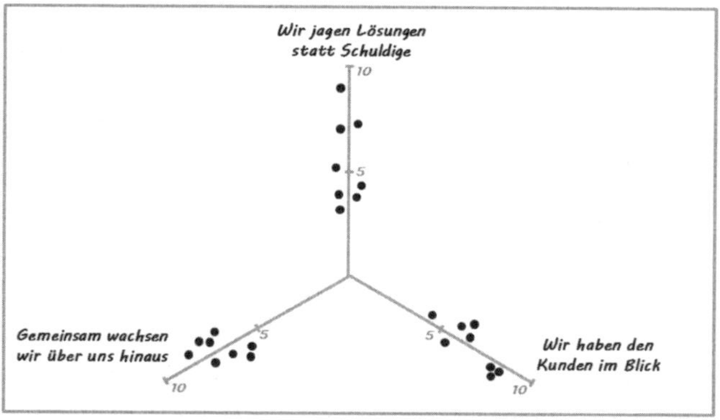

Abbildung 2: Team-Radar

Tipp: Team-Radar

- Das Team überlegt sich gemeinsam, welche neuralgischen Punkte es über einen längeren Zeitraum hinweg überprüfen will.
- Jedem dieser Punkte wird eine Skala mit Werten von eins bis zehn zugeordnet, wobei zehn der bestmögliche zu erreichende Wert ist (also der gewünschte Zustand).
- Jeder trägt individuell seine Einschätzung, wie der Stand heute ist, auf der entsprechenden Skala ein.
- Alle tauschen sich über das Ergebnis aus und nähern sich fragend den Gedanken der anderen: Was hat jeden geleitet, einen Punkt an eine bestimmte Stelle zu setzen? Worin bestehen Gemeinsamkeiten, worin Unterschiede? Und was folgt daraus?
- Diese Reflexion macht das Team regelmäßig und vergleicht, wie sich die Einschätzungen im zeitlichen Verlauf verändern: Rutscht das Team sukzessive in Richtung höherer Werte, wäre das das Signal »Wir befinden uns auf einem guten Weg«. Stürzt das Team ab oder gibt es immer wieder Ausreißer nach unten, sollte es intensiv hinterfragen, wie die unterschiedlichen Einschätzungen zustande gekommen sind und was das Team daraus für die Zukunft ableiten kann.

- *Sprachlich differenzieren, welche Ebene beobachtet wurde:* Eine Eigenart von Beobachtungen ist, dass zum Zeitpunkt des Beobachtens für den Beobachter bewusst oder unbewusst etwas von besonderem Interesse ist oder er mehr oder weniger selbst in die Situation verstrickt ist. Jeder beobachtet seine Umwelt also auf der Basis seiner eigenen Wirklichkeitskonstruktion. Um diese unterschiedlichen Beobachtungen zieldienlich in die Reflexion einbeziehen zu können, sollten die Beteiligten diese sprachlich möglichst konkret beschreiben. Erkennt ein Team diese unterschiedlichen Sichtweisen als wertvolle Quelle für Lernen und Entwicklung an, kann es sie in seine Überlegungen einbeziehen. Die Entscheidungen gewinnen so an Qualität. Doch wie kann sprachlich eigentlich differenziert werden? Der jeweilige Sprecher formuliert explizit aus der Ich-Perspektive …

… ob er etwas außerhalb von sich selbst beobachtet hat, beispielsweise das Verhalten einer oder mehrerer Personen oder den Ablauf eines Prozesses,

… ob er sich auf (vereinbarte) Werte, Normen oder Regeln bezieht,

… was seine Gefühle in oder zu einer Situation/einem Phänomen waren,

… wie er seinen eigenen Beitrag zu einer Situation/einem Phänomen einschätzt,

… ob er aus der Metaperspektive heraus einen größeren Zusammenhang herstellt.

- *In Bezug auf den Kontext beschreiben, statt pauschal bewerten:* Anstatt etwas pauschal zu bewerten bzw. abzuwerten, hilft es bei den Beschreibungen der Beobachtungen, immer den Zusammenhang mit dem gewünschten Zustand (also dem Kontext) herzustellen. Aus einem pauschalen »Das geht nicht« entsteht dann ein »Es erscheint mir nicht hilfreich im Zusammenhang mit unserer Idee, die Aufgabensteuerung gemeinsam zu machen, weil …«. So haben alle die Möglichkeit, sich zu vergegenwärtigen, was das Ziel der Übung ist, und im Dienst dieses gewünschten Zustandes zu überlegen, auf welche Weise sie diesem näher kommen können.

Aus der gemeinsamen Reflexion folgen konkrete Entscheidungen. Diese beleuchte ich im folgenden Abschnitt.

6.3 Entscheiden

Ein selbstorganisiertes Team übernimmt schrittweise mehr Verantwortung in allen drei Feldern des MEER-Modells – es fällt z. B. selbstständig fachliche Entscheidungen, übernimmt Steuerungs- und Planungsaufgaben und initiiert Aktivitäten für die eigene (Kompetenz-)Entwicklung. Mit der zunehmenden Verantwortungsübernahme stellt sich auch die Frage, welche Entscheidungsbefugnisse das Team bekommt. Nur wenn man dem Motto »Entscheidungen da treffen, wo die beste Expertise dafür ist« folgt, können sich auch die gewünschten Effekte in Form von innovativeren Lösungen und höherer Geschwindigkeit bei der Bewältigung komplexer Aufgaben zeigen.

Ist das Team mit zu wenig Entscheidungsbefugnis ausgestattet, kann es die neu übernommenen Verantwortungsbereiche nicht angemessen ausfüllen und wird zum »zahnlosen Tiger«. Mittel- bis langfristig führt dies zudem dazu, dass die Teammitglieder die Verantwortung wieder zurück zur Führungskraft delegieren: Alle lehnen sich zurück und warten darauf, dass die Führungskraft *die eine richtige* Entscheidung trifft.

Marc steckt mit seinen Mitarbeiterinnen im Rahmen des Transformationsprozesses sukzessive deren Verantwortungsbereiche und Entscheidungsbefugnisse neu ab. Er tut dies anhand seiner Inventur und der *Delegationsebenen* (siehe 4.3). Sowohl Marc als auch die Mitglieder seines Teams merken schnell, dass diese Aushandlung ein Balanceakt ist: Einerseits muss Marc als verantwortliche Führungskraft im Unternehmen das Gefühl haben, die Entscheidung in guten Händen zu wissen, zumal er ja auch an die nächsthöhere Führungsebene berichtet. Andererseits müssen die Teammitglieder das Gefühl haben, den Entscheidungen gewachsen zu sein und über die notwenigen Informationen und Vorgehensweisen für fundierte Entscheidungen verfügen. Der Aushandlungsprozess ist also auf der Seite der Führungskraft geprägt davon, Aufgaben (vielleicht auch geliebte) abzugeben und angemessenes Vorschussvertrauen einzuräumen. Auf der Seite der Teammitglieder ist er geprägt davon, sich neue Aufgaben zuzutrauen und passende Methoden zur Entscheidungsfindung zu finden.

Für die gemeinsame Aushandlung versammeln sich Marc und sein Team vor einem Whiteboard, auf dem Marc die Aufgaben und Themen aus den drei Feldern des MEER-Modells auflistet, die bisher in seiner Obhut lagen und die er stärker an das Team delegieren möchte. Sieben Spalten repräsentieren die Delegationsebenen. Zunächst kreuzt er selbst jeweils den Delegationsgrad an, den er bei dem entsprechenden Thema für möglich hält. Er will so dem Team die Konturen eines möglichen neuen Entscheidungsspielraums verdeutlichen und gleichzeitig zur Auseinandersetzung über diesen Spielraum anregen. Im Austausch entstehen vier Effekte für Marc und sein Team:

1. Sie bekommen ein gemeinsames Verständnis davon, welchen Umfang die von Marc genannten Aufgabenbereiche jeweils genau haben.
2. Alle bekommen ein konkretes Bild darüber, wie weit die jeweilige Entscheidungsbefugnis geht. Sie legen z. B. in gegenseitigem Einverständnis fest, dass das Team über Vertretungsregelungen eigenständig entscheidet und Marc nur über das Ergebnis informiert wird. Im Schema der Delegationsebenen (siehe 4.3) ist dies Ebene 6 (Erkundigen). Diesen Entscheidungsspielraum traut sich das Team bei Routineentscheidungen zu fachlichen Themen auch zu. Im Feld Planung und Steuerung von Aufgaben tasten Marc und sein Team sich vorsichtiger heran und wählen meistens Delegationsebene 3 (Befragen) oder Ebene 4 (Einigen). Alle sind sich jedoch einig, auch hier sukzessive eine höhere Delegationsebene mit mehr Entscheidungsbefugnis für das Team anzustreben.

3. Es zeigt sich außerdem – für Marc überraschend – dass das Team teilweise eine andere Delegationsebene auswählt, als er selbst ursprünglich vorgesehen hat: Niedriger, wenn es den Eindruck hat, es benötigt für die Übernahme von Entscheidungen noch mehr Kompetenzen, höher, wenn es sich mehr zutraut und mehr Entscheidungsfreiheiten haben möchte, als Marc zunächst übertragen will.
4. Zusätzlich bringt das Team Themen ein, die Marc nicht im Blick hatte und bei denen es sich mehr Befugnisse wünscht.

Insbesondere bei den beiden letztgenannten Themen besteht zwischen allen Beteiligten erhöhter Aushandlungsbedarf. Die Ergebnisse werden jeweils am Board notiert. Damit wird für jeden nachvollziehbar und zugänglich, *wer wann was entscheidet* bzw. *wer wann wie* einbezogen werden muss (nach Appelo, 2018, S. 68).

Während dieses Aushandlungsprozesses regeln Marc und das Team auch, über welche Ressourcen in Form von Geldmitteln und Personaleinsatz es entscheiden kann. Zudem treffen sie die Vereinbarung, dass die Teammitglieder aktiv auf Marc zukommen, wenn sie feststellen, dass ihnen für eine fundierte Entscheidungsfindung Informationen fehlen, z. B. über Angebote, Verträge oder wichtige Steuerungskennzahlen.

Bekommt im Rahmen des Transformationsprozesses ein Team sukzessive mehr Entscheidungsbefugnisse, muss es entsprechend seine Entscheidungskompetenz bewusst ausbauen. Dazu gehören für selbstorganisierte Teams vor allem zwei Dinge:

1. Die Teammitglieder und ihre Führungskraft lernen, mit Irrtümern umzugehen.
2. Die Teammitglieder erlernen Methoden, die sie bei der Entscheidungsfindung unterstützen.

- *Irrtümer akzeptieren:* Manchmal stellt sich in der Umsetzung einer Entscheidung heraus, dass sich nicht die gewünschte Wirkung einstellt. Oft gibt es dann zunächst die Tendenz, den Blick ausschließlich auf die vermeintlich *falsche Entscheidung* in der Vergangenheit zu richten oder gar »den Schuldigen zu jagen«. Das Team agiert dann zwar im eigenen Verantwortungsbereich, fällt jedoch keine Entscheidungen mehr. Für Teams auf dem Weg hin zu mehr Selbstorganisation geht es darum, Irrtum als jederzeit mögliche Tatsache und als Chance zu sehen, etwas zu lernen, also die in vielen Unternehmen gewünschte *konstruktive Fehlerkultur* zu entwickeln. Gemäß dem Motto »Bei mir selbst anfangen« ist als Reflexionsfrage hilfreich: »Was war mein eigener Anteil daran, dass es zur Fehleinschätzung gekommen ist, und was würde ich das nächste Mal anders machen?« Die offene Kommunikation darüber fördert das gegenseitige Vertrauen.
- *Methoden zur Entscheidungsfindung:* Sowohl die Führungskraft als auch das Team braucht Klarheit, auf welche Weise sie bzw. es zu einer Entscheidung kommen kann, um diese effizient und realitätsnah zu fällen. Wenn Entscheidungen vor dem Hintergrund von unterschiedlichen Erklärungen und Bewertungen (vgl. 4.1.1) und verschiedener möglicher Handlungsoptionen zu treffen sind, helfen vier Augen oft mehr als zwei. Entscheidungsprinzipien, die die unterschiedlichen Perspektiven der Teammitglieder respektieren, ermöglichen, dass alle im Kontext des Entscheidungsgegenstandes relevanten Sichtweisen gehört und in die Lösungsfindung einbezogen werden. Zudem beugen solche Entscheidungsprinzipien dem sogenannten Gruppendenken (Dobelli u. Lang, 2011, S. 101) vor, bei dem Gruppenmitglieder ihre Meinung entweder gar nicht kundtun oder sie nach einem Meinungsführer ausrichten, nach dem Motto »Wer am lautesten oder am meisten redet, dem folgen wir«.

Tipp: Ausgewählte Entscheidungsverfahren

Vier-Augen-Prinzip

Ist einem Teammitglied eine Verantwortung übertragen worden, hat es auch dafür zu sorgen, dass Entscheidungen getroffen werden. Wenn es beispielsweise um fachliche Entscheidungen außerhalb von Routineprozessen geht, ist es sinnvoll, das Vier-Augen-Prinzip anzuwenden. Dabei holt sich der für das Thema Zuständige einen Rat von anderen, nicht direkt involvierten Personen (Expertinnen oder Nicht-Experten) oder lässt diese auf das Ergebnis schauen, bevor er selbst eine Entscheidung fällt. Die Person behält also weiterhin den Hut auf, verschafft sich selbst jedoch größere Sicherheit, indem sie die Expertise anderer einbezieht.

Checkliste Entscheidungsfindung für kritische Situationen

Ein aus der Luftfahrt kommendes Entscheidungsprinzip hilft, in kritischen Situationen schnell zu entscheiden. Die Personen, die in Bezug auf das Thema am kompetentesten sind, durchlaufen im Entscheidungsprozess sechs Stufen:

1. *Fakten:* Welches Problem liegt vor? Worum geht es? Situationsanalyse, Sammlung von Fakten zur Lage.
2. *Optionen:* Was können wir tun? Welche Handlungsmöglichkeiten gibt es?
3. *Mögliche Risiken:* Was spricht wofür? Abschätzung der Risiken und Erfolgsaussichten.
4. *Entscheidung treffen:* Was tun wir nun? Auswahl der Option/Lösung mit dem geringsten Risiko und den größten Erfolgsaussichten, Re-Check der Situationsanalyse.
5. *Entscheidung umsetzen:* Wer macht wann was und wie? Die Option/Lösung wird durchgeführt.
6. *Auswirkung:* Ist alles noch richtig? Vergleich der tatsächlichen mit den erwarteten Wirkungen, gegebenenfalls Rückkehr zu Schritt 1, Fakten.

In Ausnahmefällen kann eine Person allein den Prozess durchlaufen, besser ist es jedoch, ad hoc andere Personen einzubeziehen, um deren Sichtweisen anzuhören. In jedem Fall werden die Schritte nacheinander durchgegangen, bei Bedarf auch erneut, nachdem die Wirkung der getroffenen Entscheidung sichtbar geworden ist (Keil, 2017).

Da das Erkennen, Reflektieren und Entscheiden im Alltag oft recht anspruchsvoll ist, hilft es, wenn jemand dem Team moderierend zur Seite steht. Um die Moderation soll es nachfolgend gehen.

6.4 Moderieren

Mit einem meiner Kunden begann ich vor einiger Zeit, »Meeting-Monster« zu jagen. Vermutlich würden viele Menschen in anderen Unternehmen auch gerne die Jagdsaison eröffnen, denn das Meeting-Monster lauert hinter jeder Ecke, sobald mehrere Akteure zusammenkommen: Es wittert Nahrung in Form von hitzigen Debatten, unausgesprochenen Annahmen und Erwartungen, unklaren Vorgehensweisen und Ähnlichem. In vielen Meetings steht die Anzahl der gesprochenen Worte in keinem guten Verhältnis mit der erreichten Ausbeute und es entsteht das Gefühl, nur Zeit totgeschlagen zu haben und von der eigentlichen Arbeit abgehalten worden zu sein. Der Effekt: Bereits erreichte (Teil-)Erfolge und neu gebahnte wirksame Loipen werden nicht bewusst gewürdigt und gehen vor dem Hintergrund der noch zu bewältigenden Schritte unter. Abläufe, die noch nicht rund laufen, werden nicht systematisch aufgespürt, erforderliche Anpassungen nicht vorangetrieben. All das führt oft zu Frustration oder Lähmung bei den Beteiligten.

Eine strukturierte Moderation trägt dazu bei, dass die Sichtweisen der Akteure im Rahmen des explorativen, erforschenden Zyklus (Abbildung 3) auf den Tisch kommen. Sie werden gewürdigt und geordnet und das Team kommt dadurch zu neuen Erkenntnissen. Außerdem unterstützt Moderation dabei, Entscheidungsprinzipien explizit anzuwenden. So schafft sich das Team Chancen und Gelegenheiten für die eigene Entwicklung, bahnt bewusst neue Loipen und trägt dafür Sorge, auf noch wenig eingeübten Wegen in der Spur zu bleiben.

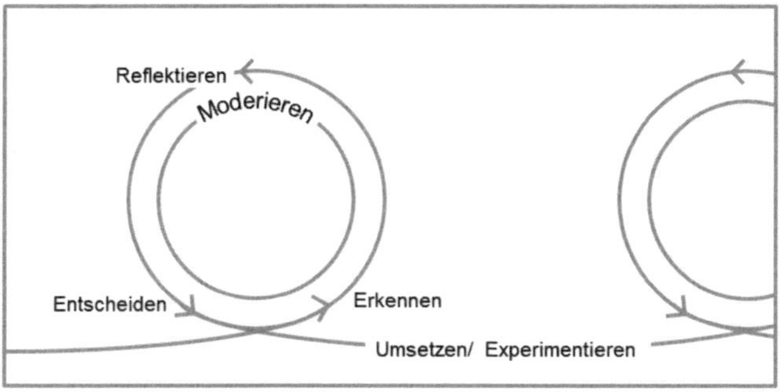

Abbildung 3: Explorativer, erforschender Zyklus

Moderation ist bei agil arbeitenden Teams ein Hilfsmittel, das in den Standard-Kommunikationsformaten (z. B. in der Retrospektive) fest verankert ist. Damit die Führungskraft ein Team in einem Transformationsprozess gezielt anregen kann, mehr Moderation zur Stärkung seiner Selbstorganisation zu nutzen, beschreibe ich an dieser Stelle einige Vorgehensweisen, die ich in der Arbeit mit selbstorganisierten Teams als besonders hilfreich erfahren habe:

- *Die Moderationsrolle klären:* Trifft sich ein Team zu einer Retrospektive, um darin auszuwerten, wie man in der Entwicklung vorangekommen ist, sollte zu Beginn dieses Treffens allen klar sein, wer moderiert. Am besten ist, wenn die Person im Beisein aller bekräftigt: »Ich moderiere heute.« Ihre wesentliche Aufgabe ist es, den Prozess des Gedankenaustauschs, die Gesprächsstrukturierung und die Ergebnissicherung im Blick zu behalten, anstatt sich in aller Tiefe in die fachliche Diskussion einzubringen. Wie diese Rolle rotiert, kann vor allem in regelmäßig stattfindenden Besprechungen durch ein Ritual unterstützt werden: In alphabetischer Reihenfolge der Vornamen übernimmt jeweils eine andere Person den Staffelstab der Moderation.

- *Routinen etablieren:* Wiedererkennbare Routinen oder Rituale können einem Treffen Struktur und Orientierung geben. Sie verschaffen der Moderation wie auch den Teilnehmern Sicherheit zum Ablauf und zu der Gesprächsführung, vor allem wenn die Akteurinnen noch nicht so versiert sind, selbst für eine möglichst hohe »Ausbeute« in einem Meeting zu sorgen. So kann z. B. zu Beginn jeder Retrospektive ein kurzer Check-in mit der an jeden gerichteten Frage »Wie geht es dir heute?« eine wertschätzende Atmosphäre schaffen und die Achtsamkeit füreinander fördern. Oder die standardisierten Leitfragen können als Struktur einen roten Faden bilden (siehe 6.2). Eine weitere Routine ist die Stoppuhr, mit der »Time-Boxing«, also Zeitbeschränkung beim Sprechen, betrieben wird, um mit der Zeit ressourcenschonend umzugehen. Ein Team kann sich sukzessive einen Fundus mit Routinen, Ritualen und Werkzeugen anlegen. Durch deren wiederkehrende Anwendung unterstützt es sich dabei, neue Loipen zu festigen.
- *Gesprächsetikette vereinbaren:* Insbesondere, wenn ein Teammitglied moderiert, ist es hilfreich, im Fall der Fälle auf gemeinsam vereinbarte Spielregeln hinweisen zu können. Beispielsweise: »Wir verwenden Time-Boxing, um wertvolle Zeit nicht zu verschwenden.« Das verhindert, dass die Moderation zum Buhmann wird, insbesondere wenn die Diskussion einmal ausufert und wieder in konstruktive Bahnen gelenkt werden soll. Die meisten

Teams disziplinieren sich allein dadurch, dass sie diese Gesprächsetikette gut sichtbar an der Wand an den Orten aufhängen, an denen die meisten Teamgespräche stattfinden.

Tipp: Sich den Moderationshut schnappen

Eine grundsätzliche Erfahrung bestätigen Führungskräfte und Fachexperten: Dass sie selbst explizit (bildlich) den Moderationshut mehrfach aufgesetzt haben, hat sie auch für die eigene konstruktive Gesprächsführung in Gruppendiskussionen sensibilisiert. Denn sie haben in ihrer Moderationsrolle am eigenen Leib erfahren, wie schwierig es sein kann, mit hitzigen Köpfen zu Ergebnissen zu kommen. Das Erlernen von Moderations-Basisrüstzeug beispielsweise innerhalb eines Trainings erleichtert es, sich den Moderationshut zu »schnappen«. Je mehr Teammitglieder moderieren können und es auch tun, desto eher wird den Meeting-Monstern die Nahrung entzogen!

7 Die Frage nach dem Warum oder »What's in it for me?«

Manch eine Führungskraft mag sich am Ende dieses Buchs fragen: »Warum sollte ich einen Weg zu mehr Selbstorganisation meines Teams einschlagen, wenn es so ein Balanceakt ist?« Meine Einschätzung dazu: Die immer komplexer und schneller tickende Arbeitswelt erfordert neue Antworten in Form einer anderen Art und Weise der Zusammenarbeit. Zudem profitiert auch die Führungskraft selbst, wie das folgende Zitat zeigt:

> »Seit meinem ersten Tag in einer Führungsfunktion balanciere ich mit meinen Mitarbeiterinnen und Mitarbeitern bewusst

gemeinsam aus, wie viel Führung, wie viel Selbstorganisation guttut. Das fordert mich als Mensch und als Führungskraft und ich werde täglich beschenkt: Ich selbst lerne im Turbo weiter und kann mich gleichzeitig daran freuen, wie die Menschen um mich herum aufblühen und wie ihre Innovationskraft wächst. Ich werde diesen Weg weitergehen – denn für mich ist ein gut ausbalanciertes Zusammenspiel einer der Schlüssel, um am schnelllebigen Markt mithalten zu können.«

Britta Klammer, Head of Business Consulting Aircraft Modification, Lufthansa Technik AG

Ich bestärke Führungskräfte seit vielen Jahren darin, die Selbstorganisation und Eigenverantwortung ihrer Mitarbeiterinnen zu stärken, indem ich mit ihnen an den im Buch beschriebenen Themen arbeite. Bei denen, die sich auf das Experiment einlassen, erlebe ich regelmäßig genau das, was Britta Klammer schildert. Sie bekräftigen zudem, dass sie auf einmal Zeit und Freiraum haben, sich tatsächlich um die strategische Weiterentwicklung ihres Verantwortungsbereichs zu kümmern. Anstatt in operativen Details zu versinken, haben sie wertvolle neue Allianzen geschmiedet und es sind ihnen interessante Ideen zugeflogen. Eine Führungskraft ist mir besonders in Erinnerung geblieben: Sie hatte zu Beginn unserer gemeinsamen Arbeit nur die Zahlen, Daten und Fakten im Blick, die widerspiegelten, wie ihr Verantwortungsbereich (im Vergleich zu anderen) dasteht, und sie setzte viel Druck ein, um diese Zahlen, Daten und Fakten im grünen Bereich zu halten. Zum Ende unserer Zusammenarbeit saß dieselbe Person vor mir und berichtete mit leuchtenden Augen, dass sie sich nun mehr darum kümmern könne, ihre Mitarbeiter darin zu fördern, gut zu arbeiten. Sie erzählte, wie viel Spaß es ihr macht, mit den Kollegen zusammenzuarbeiten und wie leicht ihnen die Arbeit von der Hand ginge – und sie seien dabei weiterhin im grünen Bereich.

Diese unternehmerischen Aspekte sind die eine Seite der Medaille. Die andere Seite ist das persönliche Wohlergehen. Viele Führungskräfte kennen das Gefühl, in ihrer prall vollen Vierzig-Stunden-Arbeitswoche ständig mit 99 Bällen gleichzeitig zu jonglieren. Sie arbeiten darüber hinaus vor dem Frühstück, am Abend, am Wochenende und im Urlaub – und sei es indem sie nur die E-Mails checken (um dadurch kurz die Welt zu retten, wie es der Sänger Tim Bendzko gesanglich schön auf den Punkt bringt). Wie schön es ist, abends nicht mehr an den Rechner zu müssen und stattdessen mit dem Lebenspartner oder der Lebenspartnerin ein Gespräch zu führen, Sport zu treiben oder einfach mal ein Buch zu lesen (oder wie ich es gerne mache, Löcher in die Luft zu gucken), lernen manche Führungskräfte erst wieder kennen, wenn sie Verantwortung abgeben und sich auf eine neue Art der Führung und Zusammenarbeit einlassen. Und alle, die ich bisher gesprochen habe, sagen, es hat sich bei allen Hürden, die zu überwinden waren und vielleicht in Zukunft zu überwinden sind, mehr als gelohnt und sie würden es immer wieder machen!

III

Am Ende

8 Literatur

Appelo, J. (2018). Managing for Happiness. Übungen, Werkzeuge und Praktiken, um jedes Team zu motivieren. München: Franz Vahlen.

Baltes, G., Freyth, A. (Hrsg.) (2017). Veränderungsintelligenz. Agiler, innovativer, unternehmerischer den Wandel unserer Zeit meistern. Wiesbaden: Springer Fachmedien.

Baltes, G., Selig, C. (2017). Organisationale Veränderungsintelligenz – Wachstumsfähigkeit mit strategischer Innovation erneuern. In G. Baltes, A. Freyth (Hrsg.), Veränderungsintelligenz. Agiler, innovativer, unternehmerischer den Wandel unserer Zeit meistern (S. 81–168). Wiesbaden: Springer Fachmedien.

Bendzko, T. (2011). Nur noch kurz die Welt retten (offizielles Video). Zugriff am 28.02.2019 unter https://www.youtube.com/watch?v=4BAKb2p-450Q

Covey, S. M. R. (2009). Schnelligkeit durch Vertrauen. Die unterschätzte ökonomische Macht. Offenbach: Gabal.

Dobelli, R., Lang, B. (2011). Die Kunst des klaren Denkens. 52 Denkfehler, die Sie besser anderen überlassen. München: Carl Hanser.

Dweck, C. (2017). Selbstbild. Wie unser Denken Erfolge oder Niederlagen bewirkt (aktual. u. erw. Taschenbuchausgabe, 2. Aufl.). München: Piper.

Faschingbauer, M. (Hrsg.) (2013). Effectuation. Wie erfolgreiche Unternehmer denken, entscheiden und handeln (2., erw. u. aktual. Aufl.). Stuttgart: Schäffer-Poeschel.

Gebhardt, B., Hofmann, J., Roehl, H. (2015). Zukunftsfähige Führung. Die Gestaltung von Führungskompetenzen und -systemen. Gütersloh: Bertelsmann.

Janssen, B. (2016). Die stille Revolution. Führen mit Sinn und Menschlichkeit. Unter Mitarbeit von Regina Carstensen (7. Aufl.). München: Ariston.

Keil, P. (2017). Die FORDEC-Methode. Checkliste für gute Entscheidungen. managerSeminare, 24 (2), Heft 227, 82–83.

Königswieser, R., Hillebrand, M. (2005). Einführung in die systemische Organisationsberatung. Unter Mitarbeit von Johann Ortner (2., überarb. Aufl.). Heidelberg: Carl-Auer Systeme.

Laloux, F. (2015). Reinventing Organizations. Ein Leitfaden zur Gestaltung sinnstiftender Formen der Zusammenarbeit. München: Franz Vahlen.

Liker, J. K. (2006). Der Toyota Weg. 14 Managementprinzipien des weltweit erfolgreichsten Automobilkonzerns (4., leicht veränderte Aufl.). München: FinanzBuch.

Maximini, D. (2013). Scrum – Einführung in der Unternehmenspraxis. Von starren Strukturen zu agilen Kulturen. Berlin/Heidelberg: Springer Gabler.

Mutius, B. von (2017). Disruptive Thinking. Das Denken, das der Zukunft gewachsen ist. Offenbach: Gabal.

Schlippe, A. von, Schweitzer, J. (2012). Lehrbuch der systemischen Therapie und Beratung I: Das Grundlagenwissen. Göttingen: Vandenhoeck & Ruprecht.

Schmidt, G. (2008). Einführung in die hypnosystemische Therapie und Beratung (2. Aufl.). Heidelberg: Carl-Auer-Systeme.

Schmidt, S. (2015). Der Weg der Achtsamkeit. Vom historischen Buddhismus zur modernen Bewusstseinskultur. In B. Hölzel, C. Brähler (Hrsg.), Achtsamkeit mitten im Leben. Anwendungsgebiete und wissenschaftliche Perspektiven (S. 21–42). München: O. W. Barth.

Schumacher, T., Wimmer, R. (2019). Der Trend zur hierarchiearmen Organisation. Zur Selbstorganisationsdebatte in einem radikal veränderten Umfeld. Zeitschrift für Organisationsentwicklung, 38 (2), 12–18.

Simon, F. B. (2005). Einführung in Systemtheorie und Konstruktivismus (2., überarb. Aufl.). Heidelberg: Carl-Auer-Systeme.

Simon, F. B. (2015). Einführung in die systemische Organisationstheorie (2. Aufl.). Heidelberg: Carl-Auer-Systeme.

Sprenger, R. (2012). Radikal Führen. Frankfurt a. M.: Campus.

Uebernickel, F., Brenner, W., Pukall, B., Naef, T., Schindlholzer, B. (2015). Design Thinking. Das Handbuch. Frankfurt a. M.: Frankfurter Societäts-Medien-GmbH.

Watzlawick, P. (Hrsg.) (1981). Die erfundene Wirklichkeit: Wie wissen wir, was wir zu wissen glauben? Beiträge zum Konstruktivismus. München: Piper.

Danksagung

In diesem Buch steckt vieles von dem drin, was ich durch die Begegnungen, Gespräche und gemeinsamen Erfahrungen mit den Menschen, die mich auf meinem persönlichen und unternehmerischen Weg begleiten, »einsammeln« konnte. Ihnen allen sei ein herzliches Dankeschön gesagt für ihr Vertrauen und ihre Bereitschaft, immer wieder gemeinsam mit mir Neuland zu erobern!

Ein besonderes Dankeschön geht an meine Kollegin Andrea Rohrberg. Sie war mir in der heißen Phase des Schreibens eine fachlich brillante Ratgeberin und trug durch ihre klaren und flotten Rückmeldungen zum Manuskript dazu bei, dass ich den Kern dessen, was mir wichtig ist, zum Leuchten bringen konnte. Durch die Gespräche mit Britta Klammer und Michael Greulich konnte ich die für die Führungskräfte wesentlichen Aspekte gut verdichten, was für mich von großem Wert ist.

Als Beraterin und Coach kann ich »von außen« leicht hilfreiche Fragen oder Anregungen einbringen. Wie sich Selbstorganisation anfühlt, wenn man Teil des Systems – also des Teams ist, erlebe ich seit einigen Jahren als Ensemblemitglied der IONen Improtheater Berlin. Manchmal fühlt sich die Dynamik in der Gruppe an wie eine Achterbahn. Darin entstehen Energie, Kreativität und Spaß, und genau das brauchen wir, um auf der Bühne »einen guten Job zu machen«. Danke an die IONen, dass wir gemeinsam lernen, wachsen und immer wieder »heiter scheitern«. Diese Erfahrungen bereichern mich persönlich und meine Arbeit in Unternehmen sehr.

Die Autorin

© flupix, Matthias Fluhrer

Antoinette Beckert (Dipl. Ing. [FH]) ist Systemische Supervisorin (SG), Coach und Change-Managerin. Seit 2003 berät sie freiberuflich Führungskräfte und ihre Teams, vorwiegend in technologieorientierten mittelständischen und großen Unternehmen. Ihr Entdeckergeist und die Lust, sich auf unbekanntes Terrain zu begeben, führte sie zuvor aus dem Verlagswesen kommend in die IT. Als Führungskraft stand sie dort dafür ein, gemeinsam mit ihrem Team neue Geschäftsfelder zu erschließen und zu außergewöhnlichen Ergebnissen zu kommen. In ihrer Beratungstätigkeit stärkt sie in stürmischen Zeiten der Veränderung die Betroffenen in ihrer Eigenverantwortung und der Fähigkeit, sich selbst zu organisieren, sie fördert kreatives Schaffen und regt zum Andersdenken an. Ihre Praxiserfahrungen gab bzw. gibt sie im Rahmen verschiedener Lehraufträge, unter anderem an der Beuth Hochschule für Technik Berlin und in Vorträgen und Veröffentlichungen weiter.